"十三五"江苏省高等学校重点教材（编号：2019-2-163）

电梯原理、结构与控制

主　编　牛曙光

副主编　窦　岩　沈正乔　王春光

参　编　蒋晓梅　陆荣峰　梁莹莹　葛建军
　　　　丁建新　陈　蓉　李　琦　刘志慧

主　审　张同波　王　平

扫二维码观看本书视频

机械工业出版社

本书从电梯的基本工作原理出发，详细介绍了电梯的基本结构、设计计算和控制方法。内容主要包括：电梯概论，电梯机械系统原理与结构，轿厢及其平衡装置设计计算，轿门、层门和开关门机构设计，导向机构及设计；电梯电气部件简介，电梯电力拖动系统，电梯的电气控制系统；机械安全保护装置设计，电梯物联网监控系统，电梯节能，电梯改造设计及管理，电梯发展展望。

本书以国家电梯标准和建筑设计标准为准绳，讲解了国内外相关的比较先进的电梯技术，也融入了作者本人多年的研究心得，是一本理论联系实际的实用教材。

本书可作为普通高等院校电梯工程专业、建筑电气与智能化专业、机械电子工程专业的教材，同时也可作为从事电梯工程产品设计与制造的研究人员，电梯安装、维修保养人员的培训教材及参考书。

本书配有电子课件、教学大纲、多媒体动画教学讲解、典型案例等教学资源，欢迎选用本书作为教材的教师登录 www.cmpedu.com 注册后下载。

图书在版编目（CIP）数据

电梯原理、结构与控制/牛曙光主编. —北京：机械工业出版社，2023.5
"十三五"江苏省高等学校重点教材
ISBN 978-7-111-72609-8

Ⅰ.①电… Ⅱ.①牛… Ⅲ.①电梯—结构—高等学校—教材 ②电梯—电气控制—高等学校—教材 Ⅳ.①TU857

中国国家版本馆 CIP 数据核字（2023）第 027508 号

机械工业出版社（北京市百万庄大街 22 号 邮政编码 100037）
策划编辑：吉 玲 责任编辑：吉 玲 韩 静
责任校对：肖 琳 王明欣 封面设计：张 静
责任印制：张 博
北京雁林吉兆印刷有限公司印刷
2023 年 5 月第 1 版第 1 次印刷
184mm×260mm · 11.5 印张 · 274 千字
标准书号：ISBN 978-7-111-72609-8
定价：39.00 元

电话服务 网络服务
客服电话：010-88361066 机 工 官 网：www.cmpbook.com
010-88379833 机 工 官 博：weibo.com/cmp1952
010-68326294 金 书 网：www.golden-book.com
封底无防伪标均为盗版 机工教育服务网：www.cmpedu.com

编　委　会

编委会主任： 陈凤旺

编委会成员： （按姓氏笔画排序）

王克胜　牛曙光　苏　峰

芮延年　张建宏　张维皓

张福生　陈凤旺　欧阳惠卿

宫晓楠　徐本连　胡朝斌

前 言 Preface

电梯经过 100 多年的发展，在技术上日趋成熟，特别是随着微型计算机控制技术在电梯上的广泛应用，安全、可靠、高效、高速、智能化控制的电梯作为垂直运输设备，已成为城市垂直交通的重要组成部分，为人们的社会活动提供了便捷、迅速、优质的服务。如今，电梯不仅是交通工具，也是人类物质文明的标志。随着我国现代化建设规模的不断拓展，据统计，1980 年我国的电梯产量为 2249 台，2010 年产量则达 36 万台，是 1980 年的 160 倍，30 年中平均每年增长率为 18.9%，2019 年产量近 80 万台，成为电梯制造和使用的第一大国，电梯使用保有量已经达到 800 万台以上，我国已成为世界上最大的电梯市场，整个电梯行业的发展蒸蒸日上，具有极其广阔的前景。

综观电梯控制和驱动系统技术的发展，它由简单到繁复，再由繁复回归到"高质量的简单"；它由继电器、接触器控制到半导体分立器件逻辑控制，再到微机控制；由交流单速到交流变速，再由直流调压调速到交流调压调速，然后到变压变频调速驱动；由低速（≤1m/s）到中速（≤2m/s），再由快速（≤4m/s）到高速（≤6m/s），最后发展到超高速（≥8m/s）；划出了一条螺旋式上升和不断创新、不断改良、不断完善的变革轨迹。毫无疑问，微机和变压变频调速技术的应用，使电梯的控制和驱动技术攀登到了一个崭新的高峰。

本书从电梯的基本工作原理出发，先后介绍了电梯基本原理、结构和设计计算方法。内容主要包括：电梯概论，电梯机械系统原理与结构，轿厢及其平衡装置设计计算，轿门、层门和开关门机构设计，导向机构及设计；电梯电气部件简介，电梯电力拖动系统，电梯的电气控制系统；机械安全保护装置设计，电梯物联网监控系统，电梯节能，电梯改造设计及管理，电梯发展展望。

本书由牛曙光主编及统稿。本书在编写过程中，得到以下单位及人员的帮助，分别是：江苏省电梯智能安全重点建设实验室的刘军军、任勇，上海市特种设备监督检验技术研究院，江苏省特种设备安全监督检验研究院苏州分院，江苏省特种设备安全监督检验研究院常熟分院，黑龙江科技大学的宋胜伟，日照航海工程职业学院，徐州市云龙区新时代职业培训学校，南通市崇川区精工职业培训学校，苏州市吴江区滨湖职业培训学校，常熟理工学院的田然，黑龙江省电梯安全技术协会的李秀山，康力电梯股份有限公司的张建宏，永大电梯设备（中国）有限公司，东南电梯有限股份公司，日立电梯（中国）有限公司的孟箐华，苏州大名府电梯有限公司，苏州莱茵电梯股份有限公司的张维皓。以上单位及人员对本书的编写提出了许多宝贵意见和建议，在此表示衷心的感谢。

请扫描以下二维码,加入本书课程交流群。

可在群中索取电子课件、教学大纲、多媒体动画教学讲解及典型案型等资源。

编 者

目 录 Contents

前言

第1篇 电梯系统原理与结构篇

第1章 电梯概论 ………………… 1
1.1 电梯的定义及结构 …………… 1
1.2 电梯发展简史 ………………… 5
1.3 电梯的分类 …………………… 9
本章小结 …………………………… 15
习题与思考 ………………………… 15

第2章 电梯机械系统原理与结构 ……… 16
2.1 电梯机械驱动系统 …………… 16
2.2 曳引机原理及设计 …………… 19
2.3 制动器 ………………………… 33
2.4 曳引钢丝绳及绳头组合 ……… 33
本章小结 …………………………… 37
习题与思考 ………………………… 37

第3章 轿厢及其平衡装置设计计算 …… 38
3.1 轿厢基本结构 ………………… 38
3.2 轿厢受力分析基础 …………… 42
3.3 轿厢的平衡装置与设计计算 … 45

本章小结 …………………………… 50
习题与思考 ………………………… 51

**第4章 轿门、层门和开关门机构
　　　 设计** ………………………… 52
4.1 轿门结构及选型设计 ………… 52
4.2 层门结构及选型设计 ………… 54
4.3 门锁结构及选型设计 ………… 55
4.4 紧急开锁装置和层门自闭装置设计 … 57
4.5 开、关门机构及选型设计 …… 58
本章小结 …………………………… 60
习题与思考 ………………………… 60

第5章 导向机构及设计 …………… 61
5.1 导轨结构及设计 ……………… 61
5.2 导轨架结构及选型设计 ……… 63
5.3 导靴结构及选型设计 ………… 64
本章小结 …………………………… 66
习题与思考 ………………………… 67

第2篇 电梯控制系统篇

第6章 电梯电气部件简介 ………… 68
6.1 机房电气部件 ………………… 68
6.2 电梯井道电气部件 …………… 73
6.3 电梯层站电气部件 …………… 78
本章小结 …………………………… 79
习题与思考 ………………………… 79

第7章 电梯电力拖动系统 ………… 80

7.1 电梯拖动系统的分类 ………… 81
7.2 安全保护系统 ………………… 86
7.3 紧急电动运行控制回路 ……… 86
7.4 检修电路设计 ………………… 87
7.5 抱闸制动电路设计 …………… 88
7.6 驱动电路设计 ………………… 88
7.7 轿顶电路设计 ………………… 89
本章小结 …………………………… 90

习题与思考 ·········· 90

第8章 电梯的电气控制系统 ····· 91
8.1 拖动控制系统的基本概念 ······ 91
8.2 拖动控制系统的应用 ·········· 96
8.3 速度、位置检测装置 ·········· 97
8.4 交流调压调速电梯的速度闭环控制 ··· 102

8.5 变频调速电梯的速度闭环控制 ········ 103
8.6 VVVF电梯的拖动控制系统 ·········· 104
8.7 电梯速度曲线的产生与速度闭环控制 ·········· 105
8.8 永磁同步电梯闭环控制系统 ········ 106
本章小结 ·········· 107
习题与思考 ·········· 107

第3篇 电梯安全部件与管理篇

第9章 机械安全保护装置设计 ····· 108
9.1 概述 ·········· 108
9.2 轿厢下行超速保护装置 ······ 110
9.3 轿厢上行超速保护装置 ······ 114
9.4 缓冲器 ·········· 116
9.5 机械安全防护装置 ·········· 119
本章小结 ·········· 120
习题与思考 ·········· 121

第10章 电梯物联网监控系统 ····· 122
10.1 基于物联网及大数据的电梯安全技术 ·········· 122
10.2 基于电梯物联网电梯预测技术的提出 ·········· 123
10.3 电梯预见性故障诊断 ······ 125
10.4 电梯、自动扶梯和自动人行道物联网技术规范 ·········· 134
本章小结 ·········· 136
习题与思考 ·········· 137

第11章 电梯节能 ··········· 138
11.1 新型悬挂装置 ·········· 138
11.2 电梯电力拖动系统节能控制 ·········· 140
11.3 能量回馈 ·········· 141
本章小结 ·········· 143
习题与思考 ·········· 143

第12章 电梯改造设计及管理 ········· 144
12.1 电梯改造设计 ·········· 144
12.2 电梯改造安装 ·········· 151
12.3 电梯改造安全管理 ·········· 153
本章小结 ·········· 155

习题与思考 ·········· 155

第13章 电梯发展展望 ·········· 156
13.1 环境保护 ·········· 156
13.2 电气安全技术代替传统机械安全设施 ·········· 156
13.3 改变传统的悬挂与驱动方式 ····· 156
13.4 非金属材料代替金属材料 ······ 156
13.5 基于实时交通流量分析的群控派梯系统 ·········· 157
13.6 控制与拖动一体化、控制系统集成化 ·········· 157
13.7 设计人性化、细致化 ·········· 157
13.8 安装标准化、安装空间小型化 ··· 158
13.9 电梯与建筑一体化 ·········· 158
13.10 需求和产品个性化 ·········· 158
13.11 无曳引钢丝绳电梯 ·········· 158
13.12 太空电梯 ·········· 159
本章小结 ·········· 163
习题与思考 ·········· 163

附录 技能训练 ·········· 164
附录A 认识电梯的主要零部件 ····· 164
附录B 轿厢和重量平衡系统的维保内容和方法 ·········· 165
附录C 层门的检查、调整和修理 ······ 167
附录D 导向系统的维护保养 ······ 169
附录E 电梯困人的救援方法 ······ 171
附录F 检查电源的错断相保护功能 ········ 173

参考文献 ·········· 174

第 1 篇

电梯系统原理与结构篇

第1章

电 梯 概 论

1.1　电梯的定义及结构

1.1.1　电梯定义

电梯的英文为 elevator（一般商业用此词）、lift 或 moving staircase。

电梯：是指动力驱动，利用沿刚性导轨运行的箱体或者沿固定线路运行的梯级（踏步），进行升降或者平行运送人、货物的机电设备，包括载人（货）电梯、自动扶梯、自动人行道等。非公共场所安装且仅供单一家庭使用的电梯除外。

电梯是服务于规定楼层的固定式升降设备，它至少具有一个轿厢，运行在至少两列垂直的或倾斜角小于15°的刚性导轨之间，轿厢尺寸与结构型式便于乘客出入或装卸货物。习惯上不论其驱动方式如何，将电梯作为建筑物内垂直交通运输工具的总称。

电梯的结构包括：四大空间，八大系统。四大空间：机房空间、井道及底坑空间、轿厢空间、层站空间。八大系统：曳引系统、导向系统、轿厢系统、门系统、重量平衡系统、电力拖动系统、电气控制系统、安全保护系统，如图 1-1 所示。

电梯的主要工作原理：曳引绳两端分别连着轿厢和对重，缠绕在曳引轮和导向轮上，曳引电动机通过减速器变速后带动曳引轮转动，靠曳引绳与曳引轮摩擦产生的牵引力，实现轿厢和对重的升降运动，达到运输目的。固定在轿厢上的导靴可以沿着安装在建筑物井道墙体上的固定导轨往复升降运动，防止轿厢在运行中偏斜或摆动。常闭块式制动器在电动机工作时松闸，使电梯运转；在失电情况下制动，使轿厢停止升降，并在指定层站上维持其静止状态，供人员和货物出入。轿厢是运载乘客或其他载荷的箱体部件，对重用来平衡轿厢载荷、减少电动机功率。补偿装置主要用来补偿曳引绳运动中的张力和重量变化，减小曳引力变化，使曳引电动机负载稳定。电气系统实现对电梯运动的控制，同时完成选层、平层、测速、照明等工作。指示呼叫系统随时显示轿厢的运动方向和所在楼层位置。安全装置保证电梯运行的安全。

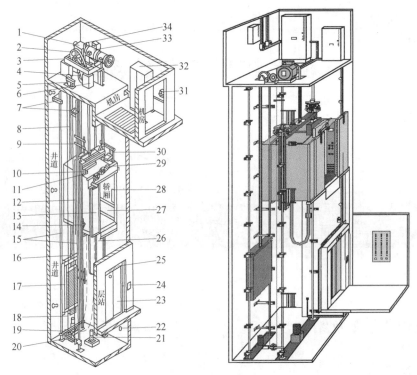

图 1-1　电梯示意图

1—减速器　2—曳引轮　3—曳引机底座　4—导向轮　5—限速器　6—机座　7—导轨支架　8—曳引绳
9—开关碰铁　10—紧急终端开关　11—导靴　12—轿架　13—轿门　14—安全钳　15—导轨　16—绳头组合
17—对重　18—补偿链　19—补偿链导轮　20—张紧装置　21—缓冲器　22—底坑　23—层门　24—呼梯
盒（箱）　25—楼层指示灯　26—随行电缆　27—轿壁　28—轿内操纵箱　29—开门机
30—井道传感器　31—电源开关　32—控制柜　33—曳引电动机　34—制动器（抱闸）

　　现代电梯主要由曳引机、导轨、对重装置、安全装置（如限速器、安全钳和缓冲器等）、信号操纵系统、轿厢与厅门等组成。这些部件分别安装在建筑物的井道和机房中。通常采用钢丝绳摩擦传动，钢丝绳绕过曳引轮，两端分别连接轿厢和对重，电动机驱动曳引轮使轿厢升降。电梯要求安全可靠、输送效率高、平层准确和乘坐舒适等。电梯的基本参数主要有额定载重量、额定速度、轿厢尺寸、开门尺寸、停站层数和井道尺寸等。

　　目前乘客电梯都是微机控制的智能化、自动化设备，不需要专门的人员来操作电梯，普通乘客只需按下列程序乘坐和操作电梯即可。

　　1）在乘梯楼层电梯入口处，根据自己上行或下行的需要，按上方向或下方向箭头按钮，只要按钮上的灯亮，就说明你的呼叫已被记录，只需等待电梯到来即可。

　　2）电梯到达开门后，先让轿厢内人员走出电梯，然后呼梯者再进入电梯轿厢。进入轿厢后，根据你需要到达的楼层，按下轿厢内操纵盘上相应的数字按钮。同样，只要该按钮灯亮，则说明你的选层已被记录；此时不用进行其他任何操作，只要等电梯到达你的目的层停靠即可。

　　3）电梯行驶到你的目的层后会自动开门，此时按顺序走出电梯即结束了一个乘梯过程。

注：实际应用中按钮也可能被触屏所替代，但乘梯操作原理一样。

1.1.2　电梯的基本要求

1）电梯及其所有零部件应设计正确、结构合理，并应遵守机械、电气及建筑结构的通用技术要求。

2）制造电梯的材料应具有足够的强度和良好的质量，不应使用有害材料（如石棉等）。

3）对电梯整机和零部件应有良好的维护，使其保持正常的工作状态。

4）需要润滑的零部件应有良好的润滑。

1.1.3　电梯的主要参数和性能要求

电梯的主要参数是额定载重量和额定速度；电梯的性能要求主要是可靠性要求。

1. 额定载重量（kg）

额定载重量是指电梯设计所规定的轿内最大载荷，对于乘客电梯常用乘客人数（按 75kg/人）计算，通常采用 320kg、400kg、630kg、800kg、1000kg、1250kg、1600kg、2000kg、2500kg 等系列。

2. 额定速度（m/s）

额定速度是指电梯设计所规定的轿厢速度。乘客电梯、客货电梯、病床电梯采用 0.63m/s、1.00m/s、1.60m/s、2.50m/s 等系列。

3. 电梯的可靠性

电梯的可靠性是指在规定的时间内保持规定功能的能力，是建立在大量统计数据基础上的概率概念，是反映电梯技术的先进程度且与电梯制造、安装维保及使用情况密切相关的一项重要指标。人们对电梯的可靠性要求，是指在运行时间里故障要尽可能少，并且一旦出现故障要能很容易排除，而影响到人身安全的环节如安全钳、限速器、光栅门区等保护系统不能失灵。

根据 GB/T 10058—2009《电梯技术条件》的规定，电梯的可靠性检验包括以下几个方面。

（1）整机可靠性检验

整机可靠性检验为起制动运行 60000 次中失效（故障）次数不应超过 5 次。每次失效（故障）修复时间不应超过 1h。由于电梯本身原因造成的停机或不符合本标准规定的整机性能要求的非正常运行，均被认为是失效（故障）。

（2）控制柜可靠性检验

控制柜可靠性检验为被其驱动与控制的电梯起制动运行 60000 次中，控制柜失效（故障）次数不应超过 2 次。由于控制柜本身原因造成的停机或不符合本标准规定的有关性能要求的非正常运行，均被认为是失效（故障）。与控制柜相关的整机性能项目包括：起动加速度与制动减速度；最大加、减速度和 A95（95%采样数据的加速度或振动值）加、减速度；平层准确度。

（3）可靠性检验的负载条件

在整机可靠性检验及控制柜可靠性检验期间，轿厢载有额定载重量以额定速度上行不应少于 15000 次。

1.1.4 电梯整机性能

根据 GB/T 10058—2009《电梯技术条件》的规定，电梯的整机性能要求如下。

1）当电源为额定频率和额定电压时，载有 50%额定载重量的轿厢向下运行至行程中段（除去加速段和减速段）时的速度，不应大于额定速度 v_0 的 105%，且不小于额定速度 v_0 的 92%。

2）乘客电梯起动加速度和制动减速度最大值均不应大于 $1.5\mathrm{m/s^2}$。

3）当乘客电梯额定速度为 $1.0\mathrm{m/s}<v_0\leqslant2.0\mathrm{m/s}$ 时，按 GB/T 24474.1—2020《乘运质量测量》测量，A95 加、减速度不应小于 $0.50\mathrm{m/s^2}$；当乘客电梯额定速度为 $2.0\mathrm{m/s}<v_0\leqslant6.0\mathrm{m/s}$ 时，A95 加、减速度不应小于 $0.70\mathrm{m/s^2}$。

4）乘客电梯的中分自动门和旁开自动门的开关门时间宜不大于表 1-1 规定的值。

表 1-1　乘客电梯的开关门时间　　　　　　　　　　（单位：s）

开门方式	开 门 宽 度（B）/mm			
	$B\leqslant800$	$800<B\leqslant1000$	$1000<B\leqslant1100$	$1100<B\leqslant1300$
中分自动门	3.2	4.0	4.3	4.9
旁开自动门	3.7	4.3	4.9	5.9

注：1. 开门宽度超过 1300mm 时，其开门时间由制造商与客户协商确定。
　　2. 开门时间是指从开门启动至达到开门宽度的时间；关门时间是指从关门启动到证实层门锁紧装置、轿门锁紧装置（如果有）以及层门、轿门关闭状态的电气安全装置的触点全部接通的时间。

5）乘客电梯轿厢运行在恒加速度区域内的垂直（z 轴）振动的最大峰峰值不应大于 $0.30\mathrm{m/s^2}$，A95 峰峰值不应大于 $0.20\mathrm{m/s^2}$。

乘客电梯轿厢运行期间水平（x 轴和 y 轴）振动的最大峰峰值不应大于 $0.20\mathrm{m/s^2}$，A95 峰峰值不应大于 $0.15\mathrm{m/s^2}$。

注：按 GB/T 24474.1—2020《乘运质量测量》测量，用计权的时域记录振动曲线中的峰峰值。

6）电梯的各机构和电气设备在工作时不应有异常振动或撞击声响。乘客电梯的噪声值应符合表 1-2 的规定。

表 1-2　乘客电梯的噪声值　　　　　　［单位：dB（A）］

额定速度 v_0/(m/s)	$v_0\leqslant2.5$	$2.5<v_0\leqslant6.0$
额定速度运行时机房内平均噪声值	≤80	≤85
运行中轿厢内最大噪声值	≤55	≤60
开关门过程最大噪声值	≤65	

注：无机房电梯的"机房内平均噪声值"是指距离曳引机 1m 处所测得的平均噪声值。

7）电梯轿厢的平层准确度宜在 ±10mm 范围内，平层保持精度宜在 ±20mm 范围内。

8）曳引式电梯的平衡系数宜在 0.4~0.5 范围内，特殊用途电梯宜和用户协商。

9）电梯应具有以下安全装置或保护功能，并应能正常工作：

① 供电系统断相、错相保护装置或保护功能。电梯运行与相序无关时，可不设置错相保护装置。

② 限速器-安全钳系统联动超速保护装置：监测限速器或安全钳动作的电气安全装置以及监测限速器绳断裂或松弛的电气安全装置。

③ 终端缓冲装置（对于耗能型缓冲器还包括检查复位的电气安全装置）。

④ 超越上下极限工作位置时的保护装置。

⑤ 层门门锁装置及电气联锁装置：

a. 电梯正常运行时，应不能打开层门；如果一个层门开着，电梯应不能起动或继续运行（在开锁区域的平层和再平层除外）；

b. 验证层门锁紧的电气安全装置；证实层门关闭状态的电气安全装置；紧急开锁与层门的自动关闭装置。

⑥ 动力操纵的自动门在关闭过程中，当人员通过入口被撞击或即将被撞击时，应有一个自动使门重新开启的保护装置。

⑦ 轿厢上行超速保护装置。

⑧ 紧急操作装置。

⑨ 滑轮间、轿顶、底坑、检修控制装置，驱动主机和无机房电梯设置在井道外的紧急和测试操作装置上应设置双稳态的红色停止装置。如果距驱动主机 1m 以内或距无机房电梯设置在井道外的紧急和测试操作装置 1m 以内设有主开关或其他停止装置，则可不在驱动主机或紧急和测试操作装置上设置停止装置。

⑩ 不应设置两个以上的检修控制装置。

若设置两个检修控制装置，则它们之间的互锁系统应保证：

a. 如果仅其中一个检修控制装置被置于"检修"位置，通过按压该检修控制装置上的按钮能使电梯运行；

b. 如果多个检修运行控制装置切换到"检修"状态，操作任一检修运行控制装置，均应不能使轿厢运行，除非同时操作所有切换到"检修"状态的检修运行控制装置上的相同按钮。

⑪ 轿厢内以及在井道中工作的人员存在被困危险处应设置紧急报警装置。当电梯行程大于 30m 或轿厢内与紧急操作地点之间不能直接对话时，轿厢内与紧急操作地点之间也应设置紧急报警装置。

⑫ 对于工作区域在轿顶上（或轿厢内）或工作区域在底坑内或工作区域在平台上的无机房电梯，在维修或检查时，如果由于维护（或检查）可能导致轿厢的失控和意外移动或该工作需要移动轿厢可能对人员产生人身伤害的危险时，则应设置符合 GB 7588.1—2020 的机械装置；如果该操作不需要移动轿厢，工作区域在平台上的无机房电梯应设置一个符合 GB 7588.1—2020 规定的机械装置，防止轿厢任何危险的移动。

⑬ 停电时，应有慢速移动轿厢的措施。

⑭ 在缓冲器动作后，只有恢复至其正常伸长位置后电梯才能正常运行。

⑮ 轿厢意外移动保护装置。

1.2 电梯发展简史

1.2.1 世界电梯发展史

4000 多年前在修建金字塔和神殿的时候人们就已经使用过所谓的"电"梯（人力驱动的升降机）。而在古罗马，"电"梯已经不是什么稀罕物了，当然，它们也是使用人力驱动。古罗马时期著名的罗马角斗场中，"电"梯被用来运送角斗士和动物，如图 1-2 所示。

图 1-2　早期的"电"梯——升降机

19 世纪初，在欧美开始用蒸汽机作为升降工具的动力。1845 年，威廉·汤姆逊研制出液压驱动的升降机，其液压驱动的介质是水，如图 1-3 所示。此后尽管升降工具被一代代富有革新精神的工程师们进行了不断改进，然而被工业界普遍认可的"安全电梯"仍未出现。

1854 年，在纽约水晶宫举行的博览会上，伊莱沙·格雷夫斯·奥的斯第一次向公众展示了他的发明，如图 1-4、图 1-5 所示。奥的斯先生发明的安全钳开启了安全电梯的历史。自此，搭乘电梯不再被认为是"冒险者的游戏"。

1857 年 3 月 23 日，奥的斯公司为地处纽约百老汇和布洛姆大街的 E. V. Haughwout 公司一座专营法国瓷器和玻璃器皿的商店安装了世界上第一台客运升降机，如图 1-6 所示，升降机由建筑物内的蒸汽动力站通过轴和传送带驱动升降机运动。

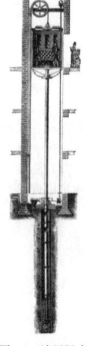

图 1-3　液压驱动　　　　图 1-4　安全电梯原型升降机　　　图 1-5　伊莱沙·格
　的升降机　　　　　　　　　　　　　　　　　　　　　　　雷夫斯·奥的斯

从 20 世纪初开始，交流感应电动机进一步完善和发展，开始应用于电梯拖动系统，使电梯拖动系统简化，同时促进了电梯的普及。

图1-6 奥的斯公司第一台客运升降机

图1-7 奥的斯公司第一台电力驱动升降机

现代电梯兴盛的根本在于采用电力作为动力的来源。1831年法拉第发明了直流发电机。1889年12月，奥的斯公司在纽约第玛瑞斯特大楼成功安装了一台直接连接式升降机。这是世界第一台由直流电动机提供动力的电力驱动升降机，如图1-7所示，从此诞生了名副其实的电梯。

20世纪90年代末，富士达公司开发出变速式自动人行道，如图1-8所示，这种自动人行道以分段速度运行，乘客从低速段进入，然后进入高速平稳运行段，再后进入低速段离开。这样提高了乘客上下自动人行道时的安全性，缩短了长行程时的乘梯时间。

图1-8 富士达公司开发的
变速式自动人行道

2000年5月，迅达电梯公司发布Eurolift无机房电梯，如图1-9所示。它采用高强度无钢丝绳芯的合成纤维曳引绳牵引轿厢。每根曳引绳大约由30万股细纤维组成，比传统钢丝绳轻4倍。绳中嵌入石墨纤维导体，能够监控曳引绳的轻微磨损等变化。

2000年，奥的斯公司开发出Gen2无机房电梯，如图1-10所示。它采用扁平的钢丝绳加固胶带牵引轿厢，钢丝绳加固胶带（外面包裹聚氨酯材料）柔性好。无齿轮曳引机呈细长

图1-9 Eurolift无机房电梯

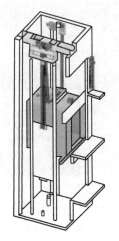

图1-10 Gen2无机房电梯

形，体积小、易安装，耗能仅为传统齿轮传动机器的 1/2。该电梯运行不需润滑油，因此更具环保特性。

1.2.2　中国电梯发展史

很久之前，人们就使用一些原始的升降工具运送人和货物。公元前 1100 年前后，我国古人发明了辘轳。它采用卷筒的回转运动完成升降动作，因而增加了提升物品的高度，如图 1-11 所示。公元前 236 年，希腊数学家阿基米德设计制作了由绞车和滑轮构成的起重装置。这些升降工具的驱动力一般是人力或畜力。

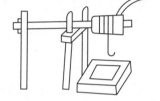

图 1-11　我国古人发明了辘轳

1900 年，美国奥的斯电梯公司通过代理商 Tullock&Co. 获得在中国的第一份电梯合同——为上海提供 2 台电梯。从此，世界电梯历史上翻开了中国的一页。

1907 年，奥的斯公司在上海的汇中饭店（今和平饭店南楼，见图 1-12）安装了 2 台电梯，这 2 台电梯被认为是我国最早使用的电梯。汇中饭店建造于 1906 年，系 6 层砖木混合结构。

1931 年，瑞士迅达公司在上海的怡和洋行设立代理行，开展在中国的电梯销售、安装及维修业务。

1935 年，位于上海南京路与西藏路交口的大新公司（今上海第一百货商店，高 9 层）安装了 2 台奥的斯轮带式单人自动扶梯，如图 1-13 所示。这 2 台自动扶梯安装在铺面商场至 2 楼、2 楼至 3 楼之间，面对南京路大门，这 2 台自动扶梯被认为是我国最早使用的自动扶梯。

截至 1949 年，上海各大楼共安装了进口电梯约 1100 台，其中美国生产的最多，为 500多台，其次是瑞士生产的 100 多台，还有英国、日本、意大利、法国、德国、丹麦等国生产的。其中丹麦生产的 1 台交流双速电梯额定载重量为 8t，是上海解放前的最大额定载重量的电梯。

图 1-12　上海汇中饭店——
中国第一座安装电梯的建筑

图 1-13　我国最早安装自动扶梯的大新公司

20 世纪 50 年代，我国先后在上海、天津、沈阳建立了三家电梯生产厂。到了 60 年代，又在西安、广州、北京等地先后建立了电梯厂。至 1972 年，全国有电梯定点生产厂家 8 家，年产电梯近 2000 台。

1980 年 7 月 4 日，中国建筑机械总公司、瑞士迅达股份有限公司等合资组建中国迅达电梯有限公司。这是我国改革开放以后机械行业第一家合资企业，该合资企业包括上海电梯厂和北京电梯厂，随后我国电梯行业相继掀起了引进外资的热潮。

2003 年，我国电梯行业电梯年产量突破 8 万台，达到 8.45 万台。

2004 年，我国电梯行业电梯年产量突破 11 万台。电梯出口到 85 个国家和地区。

2006 年，据中国电梯协会统计，我国电梯行业电梯产量达到 16.8 万台，年增幅达 24.4%，成为全球最大的电梯市场。

2007 年年底，我国在用电梯数量为 917313 台，约为全球电梯总量的 1/10。

2008 年，我国电梯产量超过 21 万台，年增幅超过 20%，产量超过了全世界电梯年产量的 50%。

经过百余年的不懈努力，我国电梯行业从仅能对电梯进行简单的维护、保养，逐步发展成为集研发、生产、销售、安装、服务五位一体的高新科技产业。我国已经是全球最大的电梯制造生产基地，生产的电梯的质量正在被越来越多的国家认可。我国正在朝着电梯制造强国大踏步迈进。

1.3 电梯的分类

1.3.1 电梯整机产品编号编码结构

1. 电梯型号代号

电梯产品的型号由其类、组、型、主参数和控制方式等三部分代号组成（见表 1-3 ~ 表 1-5）。

1）类、组、型代号用大写汉语拼音字母表示。产品的改型代号用小写汉语拼音字母表示，如无可以省略不写。

2）主参数代号为电梯的额定载重量和额定速度，用阿拉伯数字表示。

3）控制方式代号用大写汉语拼音字母表示。

电梯型号编制方法：

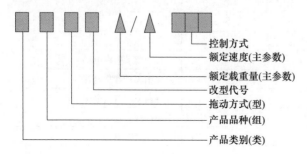

表1-3 产品品种代号

产 品 品 种	代表汉字	拼音	采用代号
乘客电梯	客	KE	K
载货电梯	货	HUO	H
客货（两用）电梯	两	LIANG	L
病床电梯	病	BING	B
住宅电梯	住	ZHU	Z
杂物电梯	物	WU	W
船用电梯	船	CHUAN	C
观光电梯	观	GUAN	G
汽车用电梯	汽	QI	Q

表1-4 拖动方式代号

拖 动 方 式	代表汉字	拼音	采用代号
交流	交	JIAO	J
直流	直	ZHI	Z
液压	液	YE	Y
齿轮齿条	齿	CHI	C

表1-5 控制方式代号

控 制 方 式	代表汉字	拼音	采用代号
手柄开关控制自动门	手、自	SHOU、ZI	SZ
手柄开关控制手动门	手、手	SHOU、SHOU	SS
按钮控制自动门	按、自	AN、ZI	AZ
按钮控制手动门	按、手	AN、SHOU	AS
信号控制	信号	XINHAO	XH
集选控制	集选	JIXUAN	JX
并联控制	并联	BINGLIAN	BL
群控控制	群控	QUNKONG	QK
集选、微机控制	集选微	JIXUANWEI	JXW

2. 电梯注册代码

注册代码由设备分类码（见表1-6）、行政区划代码、注册年份码、顺序码组成（共20位）。

□□□□　　□□□□□□　　□□□□□　　□□□□
设备分类码　行政区划代码　　注册年份码　　顺序码

表1-6 设备分类码

代码	种 类	类 别	品 种
3000	电梯		
3100		曳引与强制驱动电梯	
3110			曳引驱动乘客电梯
3120			曳引驱动载货电梯
3130			强制驱动载货电梯
3200		液压驱动电梯	
3210			液压乘客电梯

（续）

代码	种　类	类　别	品　种
3220			液压载货电梯
3300		自动扶梯与自动人行道	
3310			自动扶梯
3320			自动人行道
3400		其他类型电梯	
3410			防爆电梯
3420			消防员电梯
3430			杂物电梯

1.3.2　按电梯用途分类

按电梯用途分类，电梯分为以下几种：

1）乘客电梯：以运送乘客为主，轿厢设计考虑到以人为本，轿厢形状多为扁宽形，有利于乘客快速进出，现在通常采用 VVVF 驱动永磁同步无齿轮曳引机，运行速度快，乘坐舒适。控制方式多采用集选控制或群控控制，如图 1-14 所示。

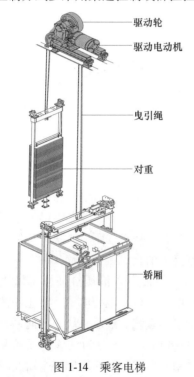

驱动轮
驱动电动机
曳引绳
对重
轿厢

图 1-14　乘客电梯

图 1-15　病床电梯

2）病床电梯：运行平稳、停层精确、舒适，带有特殊附加控制装置，保证运送病人安全，轿厢狭长，常为贯通门，如图 1-15 所示。

3）货运电梯：以运货为主，也可承载装卸货物人员。大载重，速度较慢，轿厢坚固、耐冲击。一般为单梯集选或信号控制，少量用于仓库的电梯还是内外按钮控制，如图 1-16 所示。

图 1-16　货运电梯

图 1-17　杂物电梯

4）杂物电梯：专供垂直运送小型物件而设计的电梯。小轿厢，载重量不大于 300kg，额定速度不大于 1m/s，手动或自动开启的层轿门，有的带自卸货装置，如图 1-17 所示。

5）船用电梯：船舶上使用的电梯。

6）矿井电梯：用于矿井内上下运送人或设备的电梯。

7）防爆电梯：用于有爆炸性危险场所的电梯。

8）消防员电梯：消防员专用的电梯。

9）斜行电梯：用于有斜坡、斜度或弧度的场合。

10）IP 电梯：用于存在粉尘和潮湿的场所，如大坝、电站、核岛内等。

11）防腐电梯：用于有腐蚀性气体、液体或粉尘的场所。

12）别墅电梯。

1.3.3　按拖动系统分类

按拖动系统分类，电梯分为以下几种：

1）交流电梯（J）：采用交流电动机拖动的电梯。其中又可分为交流单速（AC1）电梯、交流双速（AC2）电梯、交流调压调速（ACVV）电梯、交流变压变频调速（VVVF）电梯。

2）直流电梯（Z）：采用直流电动机拖动的电梯。由于其调速方便、加减速特性好，曾被广泛采用。随着电子技术的发展，直流拖动已被节省能源的交流调速拖动代替。

3）液压电梯（Y）：液压电梯是指通过液压动力源，把油压入液压缸使柱塞做直线运动，直接或通过钢丝绳间接地使轿厢运动的电梯。液压电梯是机、电、电子、液压一体化的产品，由下列相对独立但又相互联系配合的系统组成：泵站系统、液压系统、导向系统、轿厢、门系统、电气控制系统、安全保护系统等，如图 1-18 所示。可分为柱塞直顶式和柱塞侧置式。优点是机房设置部位较为灵活，运行平稳，采用直顶式时不用轿厢安全钳及底坑地面的强度可大大减小，顶层高度限制较宽。但其工作高度受柱塞长度限制，运行高度较低。在采用液压油作为工作介质时，还须充分考虑防火安全的要求。

4）钢丝绳驱动式电梯：它可分成两种不同的形式，一种是被广泛采用的摩擦曳引式，另一种是卷筒强制式。前一种安全性和可靠性都较好，后一种已很少采用。

5）齿轮齿条驱动式电梯：它通过两对齿轮齿条的啮合来运行，运行振动、噪声较大。

这种形式一般不需设置机房，由轿厢自备动力机构，控制简单，适用于流动性较大的建筑工地。目前已划入建筑升降机类。

6）链条链轮驱动式电梯：这是一种强制驱动形式，因链条自重较大，所以提升高度不能过高，运行速度也因链条链轮传动性能局限而较低。但它在用于企业升降物料的作业中，有着传动可靠、维护方便、坚固耐用的优点。

7）其他驱动方式还有气压式、直线电动机直接驱动、螺杆驱动等，如图 1-19 所示。

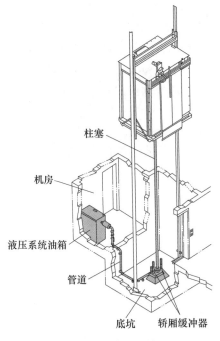

柱塞

机房

液压系统油箱

管道

底坑　轿厢缓冲器

图 1-18　液压电梯

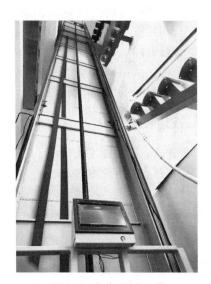

图 1-19　螺杆驱动电梯

1.3.4　按控制方式分类

电子技术的发展使电梯控制日趋完善，操作趋于简单，功能趋于多样，控制方式正向广泛应用微电子新技术的方向发展。常见的控制方式有：

1. 按钮控制电梯（AZ、AS）

电梯运行由轿厢内操纵盘上的选层按钮或层站呼梯按钮来操纵。某层站乘客将呼梯按钮按下，电梯就起动运行去应答。在电梯运行过程中如果有其他层站呼梯按钮按下，控制系统只能把信号记存下来，不能去应答，而且也不能把电梯截住，直到电梯完成前应答运行层站之后方可应答其他层站呼梯信号。

2. 信号控制电梯（XH）

把各层站呼梯信号集合起来，将与电梯运行方向一致的呼梯信号按先后顺序排列好，电梯依次应答接运乘客。电梯运行取决于电梯司机操纵，而电梯在何层站停靠由轿厢操纵盘上的选层按钮信号和层站呼梯按钮信号控制，电梯往复运行一周可以应答所有呼梯信号。

3. 集选控制电梯（JX）

在信号控制的基础上把呼梯信号集合起来进行有选择的应答。电梯可有（无）司机操纵。在电梯运行过程中可以应答同一方向所有层站呼梯信号和按下操纵盘上的选层按钮信号，并自动在这些信号指定的层站平层停靠。电梯运行响应完所有呼梯信号和指令信号后，可以返回基站待命，也可以停在最后一次运行的目的层待命。

4. 并联控制电梯（BL）

并联控制时，两台电梯共同处理层站呼梯信号。并联的各台电梯相互通信、相互协调，根据各自所处的层楼位置和其他相关的信息，确定一台最适合的电梯去应答每一个层站呼梯信号，从而提高电梯的运行效率。

5. 群控电梯（QK）

群控是指将两台以上电梯组成一组，由一个专门的群控系统负责处理群内电梯的所有层站呼梯信号，群控系统可以是独立的，也可以隐含在每一个电梯控制系统中。群控系统和每一个电梯控制系统之间都有通信联系。群控系统根据群内每台电梯的楼层位置、已登记的指令信号、运行方向、电梯状态、轿内载荷等信息，实时将每一个层站呼梯信号分配给最适合的电梯去应答，从而最大程度地提高群内电梯的运行效率。群控系统中，通常还可选配上班高峰服务、下班高峰服务、分散待梯等多种满足特殊场合使用要求的操作功能。

1.3.5 按速度分类

1）低速梯：额定速度≤1m/s。
2）中速梯：额定速度≤2m/s。
3）快速梯：额定速度≤4m/s。
4）高速梯：额定速度≤6m/s。
5）超高速梯：额定速度≥8m/s。

1.3.6 按曳引机有无减速箱分类

按曳引机有无减速箱分类，电梯可分为以下两种：

1）有齿轮电梯：采用有齿轮曳引机的电梯。曳引电动机通过减速齿轮箱驱动曳引轮，电梯曳引轮的转速与电动机的转速不相等，中间有蜗轮蜗杆减速箱或齿轮减速箱（行星齿轮、斜齿轮）。传统的有齿轮电梯大多采用交流异步电动机，如图1-20所示。

2）无齿轮电梯：采用无齿轮曳引机的电梯。曳引电动机直接驱动曳引轮，电梯曳引轮转速与电动机转速相等，中间无减速箱。永磁同步电动机以其低转速、大转矩的特点，被应用于各种速度的电梯，已成为电梯驱动的首选，如图1-21所示。

图1-20 蜗轮蜗杆传动曳引机

图1-21 无齿轮曳引机

1.3.7　按机房方式分类

按机房方式分类，电梯可分为普通有机房电梯、小机房电梯、无机房电梯，如图 1-22、图 1-23 所示。

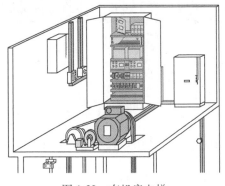

图 1-22　有机房电梯

图 1-23　无机房电梯

本 章 小 结

本章从电梯的定义开始，描述了电梯的总体结构，按照主要部件分布的位置逐一做了简要介绍，对电梯的标准功能与特殊功能做了较为详细的解释。电梯运行质量取决于其基本性能要求，包括安全性、可靠性、舒适性和准确性。电梯使用条件则是确保其正常运行的基本要求。

本章主要介绍了电梯的发展史和电梯原理及控制的发展史，以及电梯的基本结构，电梯主要参数；电梯分类；电梯的性能要求；电梯常用名词术语；使读者对电梯及电梯控制有一个基本概念，为后续内容的学习奠定初步基础。

习题与思考

1-1　简述电梯控制技术发展的新方向。

1-2　电梯有几种分类方法？各根据什么分类？

1-3　简述按拖动系统分类的电梯类型。

1-4　简述电梯一般由哪几部分组成？

1-5　电梯机械系统由哪几部分组成？

第2章

电梯机械系统原理与结构

2.1 电梯机械驱动系统

曳引式电梯基本结构：曳引式电梯是垂直交通运输工具中使用最普遍的一种电梯，现将其基本结构介绍如下（见表2-1）。

表2-1 电梯系统组成

序号	系 统	功 能	主要构件与装置
1	曳引系统	输出与传递动力，驱动电梯运行	曳引机、曳引钢丝绳、导向轮、反绳轮等
2	导向系统	限制轿厢和对重的活动自由度，使轿厢和对重只能沿着导轨做升降运动	轿厢（对重）导轨、导靴及其导轨架等
3	门系统	供乘客或货物进出轿厢时用，运行时必须关闭，保护乘客和货物的安全	轿厢门、层门、开关门、联动机构、门锁等
4	轿厢	用以装运并保护乘客或货物的组件，是电梯的工作部分	轿厢架、轿厢体
5	重量平衡系统	平衡轿厢自重和部分的额定载重量，减少驱动功率，保证曳引力的产生，补偿电梯曳引绳和电缆长度变化带来的重量转移	对重装置和重量补偿装置对重由对重架和对重块组成
6	电力拖动系统	提供动力，对电梯运行速度实行控制	曳引电动机、供电系统、速度反馈装置、电动机调速装置等
7	电气控制系统	对电梯的运行实行操纵和控制	操纵箱、召唤箱、位置显示装置、控制柜、平层装置、限位装置等
8	安全保护系统	保证电梯安全使用，防止危及人身和设备安全的事故发生。限速器和安全钳起超速保护作用；缓冲器起冲顶和撞底保护作用；还有切断动力电源的极限保护等	机械保护系统：限速器、安全钳、缓冲器、端站保护装置等 电气保护系统：超速保护系统、机电系统断相或错相保护装置、层门锁与轿门电气联锁装置。

2.1.1 曳引系统

曳引机由电动机、联轴器、制动器、减速箱、机座、曳引轮等组成，它是电梯的动力源。

曳引钢丝绳的两端分别连接轿厢和对重（或者固定在绳头梁上），依靠钢丝绳与曳引轮之间的摩擦力来驱动轿厢升降。

导向轮的作用是分开轿厢和对重的间距，采用复绕式时还可增加曳引能力。导向轮安装在曳引机架上或承重梁上。

当钢丝绳的曳引比大于1时，在轿厢顶和对重架上应增设反绳轮。反绳轮的个数可以是1个、2个甚至更多，这与曳引比或绳轮布置有关，如图2-1所示。

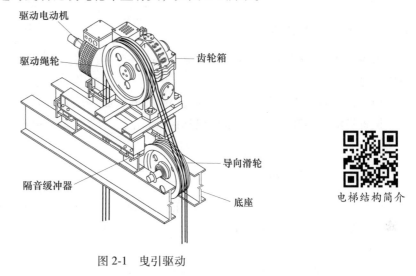

图 2-1　曳引驱动

2.1.2　导向系统

导轨固定在导轨支架上，导轨支架是承重导轨的组件，与井道壁连接。

导靴装在轿厢和对重架上，与导轨配合，强制轿厢和对重的运动服从于导轨的直立方向。

2.1.3　门系统

轿厢门设在轿厢入口，由门扇、门导轨架、门靴和门刀等组成。

层门设在层站入口，由门扇、门导轨架、门靴、门锁装置及应急开锁装置组成。

开门机设在轿厢上，是轿厢门和层门开关的动力源。

2.1.4　轿厢

轿厢架是轿厢体的承重构架，由横梁、立柱、底梁和斜拉杆等组成。轿厢体由轿厢底、轿厢壁、轿厢顶及照明、通风装置、轿厢装饰件和轿内操纵箱等组成。轿厢空间的大小由额定载重量和额定载客人数决定。

2.1.5　重量平衡系统

重量补偿装置是补偿电梯中轿厢与对重侧曳引钢丝绳和随行电缆的长度变化对电梯曳引力产生的影响的装置。

2.1.6　电力拖动系统

曳引电动机是电梯的动力源，根据电梯配置可采用交流电动机或直流电动机。

供电系统是为电动机提供电源的装置。

速度反馈装置为调速系统提供电梯运行速度信号。一般采用测速发电机或速度脉冲发生器，与电动机相连。

调速装置对曳引电动机实行调速控制。

2.1.7 电气控制系统

操纵装置包括轿厢内的按钮操作箱或手柄开关箱、层站召唤按钮、轿顶和机房中的检修或应急操纵箱。

控制柜安装在机房中，由各类电气控制元件组成，是电梯实行电气控制的集中组件。

位置显示是指轿内和层站的指层灯。层站上一般能显示电梯运行方向或轿厢所在的层站。

2.1.8 安全保护系统

机械系统由曳引（驱动）系统、轿厢和对重装置、导向系统、层门和轿门及开关门系统、机械安全保护系统组成。其中驱动系统由曳引机、导向轮、钢丝绳和绳头组合等部件组成。导向系统由导轨支架、导轨、导靴等部件组成。层门和轿门及开关门系统由轿门、层门、开关门机构、门锁等部件组成。机械安全保护系统主要由缓冲器、上行超速保护装置、限速器、安全钳、门锁等部件组成。起重量平衡作用的平衡系统由对重与补偿装置等部件组成。

电梯的驱动系统有曳引驱动、强制驱动（卷筒驱动）（见图 2-2）、液压驱动（见图 2-3）等不同的驱动方式。其中，曳引驱动方式具有安全可靠、提升高度高等优点，因此曳引驱动方式的应用最为广泛。

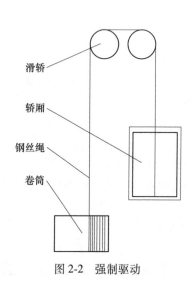

滑轮
轿厢
钢丝绳
卷筒

图 2-2　强制驱动

图 2-3　液压驱动

曳引系统的结构形式较多，常见的结构形式如图 2-4 所示。曳引机是驱动电梯轿厢和对重装置做上下运动的动力源，其曳引钢丝绳悬挂在曳引轮轮槽上，它的一端与轿厢连接，另一端与对重连接。其曳引传动力一般由电动机转动传给减速箱，并通过减速箱的输出轴上的曳引轮，带动曳引钢丝绳，由此产生静摩擦力来实现电梯轿厢的提升和下降。

曳引式提升机构：具有结构紧凑、曳引轮直径相对较小、传动速比小的特点；在确保电梯运行速度下，可选择价格较低的高转速电动机；轿厢提升高度允许值大；承载能力大，轿厢运行安全可靠，这是曳引式提升机构特有的优点。当下降的轿厢或对重碰到底坑中的缓冲器时，能自动消除大部分曳引力，避免了轿厢或对重冲顶或曳引钢丝绳被拉断的可能性，如图2-4所示。

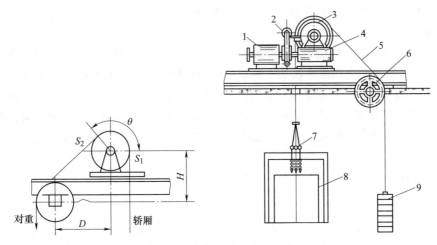

图2-4　曳引系统的传动结构

1—电动机　2—制动器　3—曳引轮　4—减速箱　5—曳引钢丝绳
6—导向轮　7—绳头组合　8—轿厢　9—对重

2.2　曳引机原理及设计

曳引机又称主机，是驱动电梯轿厢和对重装置做上下运动的动力源，它由电动机、联轴器、减速箱、电磁制动器、曳引轮及机座等组成。电动机的动力经减速箱减速传递到曳引轮上的曳引机称为有齿轮曳引机；动力不需要通过中间的减速箱减速而直接传递到曳引轮上的曳引机称为无齿轮曳引机。

根据曳引机的布置位置，可以分为上置式曳引和下置式曳引。上置式如图2-5所示，传动对建筑物施加的载荷量较小，对井道的建筑面积要求较小，这也是电梯曳引机最常见的一种放置方式。

2.2.1　有齿轮曳引机

有齿轮曳引机按其主传动机构类型又可以分为蜗轮蜗杆式、斜齿轮式、行星齿轮式三种。另外还有极少量其他减速箱类型的有齿轮曳引

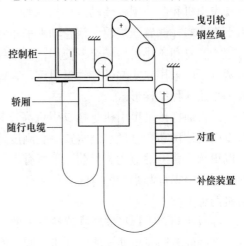

图2-5　上置式曳引电梯原理图

机。在有齿轮曳引机中，蜗轮副曳引机是目前国内外有齿轮曳引机中使用最为广泛、技术最为成熟的一种。目前国内生产的有齿轮曳引机，几乎全部采用蜗杆传动曳引机，其主要优点是：传动平稳，运行噪声低，结构紧凑、外形尺寸小、传动零件少，具有较好的抗击载荷特性。单级可实现较大传动比，一般为≤63，特殊情况也可达到100，完全可以满足曳引机不同速度的要求，通过合理选择几何参数、交位系数、节点位置，可明显改善其啮合特性。但蜗杆传动曳引机也有其固有的缺点，由于蜗杆传动啮合齿面间有相当大的滑动速度，高速运转时发热量较大，造成蜗轮磨损较快、轮齿容易发生胶合，这也是蜗杆传动曳引机一般只用于额定速度低于 2.5m/s 的电梯上的主要原因。

蜗轮副曳引机主要由曳引电动机、蜗杆、蜗轮、制动器、曳引绳轮、机座等构成。其外形结构如图 2-6 所示。曳引机不仅是一种动力传递机构，同时也有精度传递要求，并且需要频繁起动和制动。由于其使用场合的独特性，电梯用的蜗轮副减速机除具有普通减速器的一些共性外，还具有其固有的特点。因此在设计电梯曳引机时在考虑通用蜗轮副减速器条件的同时，不仅要考虑其制造精度，还要求蜗轮副有良好的耐磨性和耐冲击性，以保证电梯运行的平稳性和舒适性。

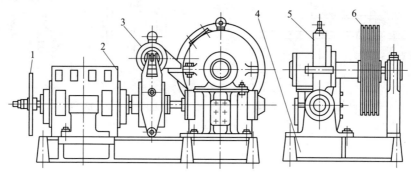

图 2-6　有齿轮曳引机结构示意图

1—惯性轮　2—驱动电动机　3—制动器　4—底盘　5—减速器　6—曳引轮

根据曳引机减速器中蜗杆轴的放置方式，蜗杆传动曳引机的结构形式可以分为立式蜗杆传动曳引机和卧式蜗杆传动曳引机两种。立式蜗杆传动曳引机的高速轴（蜗杆轴）垂直于水平面，蜗杆侧置于蜗轮，蜗轮轴水平布置。该种结构的曳引机占地面积较小，高度尺寸相对较大，有利于小机房场合下使用；但这种结构的曳引机的整体刚度和稳定性比较差，故重载货梯不应采用立式蜗杆传动曳引机，客梯由于对稳定性要求更高，所以在目前的客梯中一般不采用这种结构形式。

卧式蜗杆传动曳引机是指曳引机高速轴（蜗杆轴）水平布置的结构形式。卧式蜗杆传动曳引机结构布置合理、结构紧凑、刚度好、维修方便、受力合理，安装和拆卸工艺简便，所以得到了普遍的应用，目前几乎所有曳引机都采用卧式结构。在卧式蜗杆传动曳引机中，按减速器中蜗杆和蜗轮的空间方位来分又可以分为蜗杆上置式和蜗杆下置式卧式蜗杆传动曳引机两种类型。

在减速箱里，蜗杆安装在蜗轮下方的称为蜗杆下置式，下置蜗杆曳引机可以使曳引机的总高度降低，同时也便于将电动机、制动器、减速器装在同一底盘上，使装配工作简化，也改善了润滑条件，润滑效果好，可做较大的功率传递。对于起动频繁、正反交替运行的曳引机而言，这种由于润滑条件带来的影响更为明显。所以在蜗轮副曳引机中，绝大多数都采用蜗杆下置式结构。

在减速箱里，蜗杆安装在蜗轮上方的称为蜗杆上置式。上置蜗杆曳引机使曳引轮的位置下降，提高了曳引机工作时的稳定性，曳引机底盘制作也比较简单，箱体密封效果较好，方便维修和检查。缺点是蜗杆润滑条件差，减速器必须采用高黏度机油润滑，传递功率不宜太大。

2.2.2 无齿轮曳引机

无齿轮曳引机如图2-7所示，早期均用在直流低转速驱动的直流高速电梯上，调速性能好，由于没有作为减速的减速箱这个中间传动环节，具有传动效率高、噪声小、传动平稳等优点。但由于直流电动机的原因，使无齿轮曳引机存在体积大、耗能大、造价高、维修不方便等缺点。随着交流电机技术的发展和交流变压变频技术的发展和提高，使得交流齿轮曳引机也得到发展和提高，不仅可以应用在速度2m/s以上的电梯上，而且开始应用在速度小于2m/s以下的电梯。这对改善环境污染（无油污、无噪声）和节约能源起了极大的作用。无齿轮曳引机结构中，曳引轮与电动机的转速相同，中间没有减速机构。所以无齿轮电梯的制动所需要的制动力矩比有齿轮电梯的制动力矩大得多。

图2-7　无齿轮曳引机

电磁铁分为交流和直流两种。一般使用直流电磁铁，它构造简单、噪声小、动作平稳。制动臂的作用是传递制动力和松闸力。制动弹簧的作用是向制动瓦提供制动压紧力。

2.2.3 曳引机设计

曳引机是电梯的主要部件之一。电梯的载荷、运行速度等主要参数取决于曳引机的电动机功率和转速、蜗杆与蜗轮的模数和减速比、曳引轮的直径和绳槽数以及曳引比等。

曳引机额定速度：对应于轿厢额定速度的曳引轮节径上的线速度。

曳引机额定载重量：当曳引比为1:1、平衡系数为0.40时，曳引轮切向曳引的轿厢额定载重量。

曳引机型号由类、组、型、特性、主参数和变型更新代号组成。

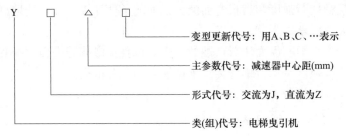

标记示例：交流电动机减速器中心距为 200mm、第一次更新的电梯曳引机：

电梯曳引机　YJ200A

在蜗轮传动曳引机中，蜗轮副减速机构有如下几大类型：普通圆柱蜗杆传动、圆弧圆柱蜗杆传动、直廓环面蜗杆传动、包络环面蜗杆传动和锥蜗杆传动几大类。其中直廓环面蜗杆传动、包络环面蜗杆传动由于技术相对复杂，生产设备要求较高，产品的稳定性差，较少被曳引机生产厂家选用。而锥蜗杆传动一般达不到曳引机的结构要求，也很少被曳引机厂家选用。普通圆柱蜗杆传动和圆弧圆柱蜗杆传动由于技术相对简单，生产设备要求不高，并且易形成规模化生产，比较适合曳引机规模化生产的特点，其中渐开线圆柱蜗杆和锥面包络圆柱蜗杆由于传动效率高、承载能力大，被蜗轮副曳引机生产厂家广泛采用。

1. 曳引机用蜗轮副设计

对一般蜗轮副传动的设计计算，可参考《齿轮手册》（上册）。考虑到电梯曳引机用蜗轮副使用条件的特殊性，结合曳引机本身固有的工作特点和生产工艺，在进行蜗轮副参数设计时，重点是对蜗杆齿宽和蜗轮齿面接触疲劳强度进行分析设计。

（1）蜗杆齿宽

根据齿轮设计手册，蜗杆齿宽为

$$b_1 \approx 2.5m\sqrt{Z_2 + 1} \qquad (2\text{-}1)$$

式中　m——蜗杆轴向模数；

$\quad\;\; Z_2$——蜗轮齿数。

由于蜗轮副曳引机蜗杆作为高速运行轴，一般情况下在高速运行时转速为 1000~1500r/min。为控制曳引机运行的平稳性，对高速运行轴部件都有动平衡精度要求，而在整个高速运行轴构件中，蜗杆的结构最为复杂，特别是蜗杆的齿形部分。加工蜗杆齿形的过程，相当于蜗杆的去重过程。对于多头蜗杆，不管齿宽多长，其去重量在圆周上是均布的，不存在单边偏重的问题。而对于单头蜗杆，如果 n 不为整数，将会产生重心偏置。如果齿宽长度取值不当，蜗杆不仅要做动平衡，增加生产工序，而且当动平衡量去重量大时，会影响蜗杆的整体结构强度。因此对于单头蜗杆，除遵循上述原则外，还应遵循：

$$b_1 = nP_X \qquad (2\text{-}2)$$

式中　P_X——蜗杆导程；

$\quad\;\; n$——为整数。

（2）曳引机用蜗轮齿面接触疲劳强度分析

蜗杆传动的失效形式和齿轮传动类似，也有齿面点蚀、磨损、胶合，以及轮齿的弯曲折断等。由于蜗轮副曳引机相对传动速度较低，蜗杆转速小于 1500r/min，并且润滑良好，且蜗轮副的加工方式采用了非对偶啮合方式，因此胶合的情况在蜗杆曳引机使用中很少出现。通常是仿照圆柱齿轮进行齿面接触疲劳强度和齿根弯曲疲劳强度的条件计算，并在选取许用应力时，适当考虑胶合和磨损失效因素的影响。

齿面接触疲劳强度的大小，不仅影响齿面疲劳点蚀的产生，也直接影响着表面磨损和胶合的出现。因此蜗轮齿面接触疲劳强度是衡量蜗杆传动承载能力的主要依据。

根据齿轮手册，蜗杆副齿面接触疲劳工作应力为

$$\sigma_H = Z_E Z_P \sqrt{1000T_2K_A/(a')^3} \leqslant \sigma_{HP} \qquad (2\text{-}3)$$

$$\sigma_{HP} = \sigma_{Hlim}Z_nZ_h/S_{Hmin}$$

式中　Z_E——材料弹性系数；

　　　Z_P——蜗杆传动接触系数；

　　　K_A——使用系数；

　　　T_2——蜗轮转矩（N·m）；

　　　a'——啮合中心距（mm）；

　　　σ_{Hlim}——蜗轮轮齿的接触疲劳极限强度值（MPa）；

　　　Z_n——转速对载荷循环次数的影响系数；

　　　Z_h——寿命系数；

　　　S_{Hmin}——最小安全系数，一般可取 $S_{Hmin}=1\sim1.3$。

σ_{HP}是齿面许用疲劳接触应力，与产生胶合的许用接触应力是两个不同的参数。上述公式主要是用来校核蜗轮齿面的疲劳点蚀。所谓点蚀就是齿面材料在变化着的接触应力条件下，由于疲劳而产生的麻点状剥蚀损伤现象。从点蚀定义可知，点蚀是由于应力与时间两个因素同时作用产生的，表现为表面剥蚀损伤。因此在进行许用疲劳接触应力计算时，寿命系数 Z_h 的计算应根据实际情况进行确定。

在曳引机设计中，用于垂直运行的升降电梯，曳引机严格按正反双向传动，并且时间相等；用于阶梯式运行的扶梯驱动曳引机正常情况下作单向运行。因为双向传动时接触应力是由两个齿面交替承担，而单向传动是由一个齿面承担，这样在相同条件下单位时间内双向传动与单向传动齿面上应力作用次数也不同，当双向传动为对称循环传动时，齿面应力作用次数为单向传动齿面上应力作用次数的一半。因此在对用于垂直运行升降电梯的曳引机计算时，寿命系数按整个电梯运行寿命的一半来进行确定，假定电梯设计运行寿命为 25000h，L_h 取 12500h 取值；而对用于阶梯式运行的扶梯驱动曳引机计算时，寿命系数按整个扶梯的运行寿命进行确定，假定电梯设计运行寿命为 25000h，$L_h=25000h$ 取值。寿命系数计算时单双向传动要区别对待。

2. 曳引系统的设计

曳引机上的绳轮称为曳引轮，是曳引机的重要组成部分，安装在曳引机蜗轮轴上，轮缘上开有绳槽，绳槽上悬挂曳引钢丝绳，钢丝绳两端分别悬挂轿厢和对重（或者固定在绳头梁上），并依靠钢丝绳与曳引轮绳槽之间的静摩擦力来驱动轿厢升降。由于曳引轮是易磨损部件，所以曳引轮的设计特别重要，曳引轮的设计包括曳引轮绳槽结构设计、曳引轮直径设计等内容。

（1）曳引力计算

在电梯曳引系统的设计过程中，曳引力是最主要的考虑因素。曳引力是否能够满足要求，直接决定了电梯系统是否能可靠地运行，如图2-8所示。

钢丝绳曳引力应满足以下三个条件：

1）轿厢装载至125%（或150%）额定载荷的情况下应保持平层状态不打滑。

2）必须保证在任何紧急制动的状态下，不管轿厢内是空载还是满载，其减速度的值不能超过缓冲器（包括减行程的缓冲器）作用时减速度的值。

3）当对重压在缓冲器上而曳引机按电梯运行方向旋转时，不可能提升空载轿厢。

（2）曳引力三种工况要求

以上三个条件分别对应三种工况：①轿厢装载工况；②紧急制动工况；③轿厢或对重滞留工况。

其中轿厢装载工况和紧急制动工况要求：

$$F_{V1}/F_{V2} \leqslant e^{f\alpha}$$

轿厢或对重滞留工况（轿厢或对重压在缓冲器上，驱动主机向下行或向上行方向旋转，通过限制曳引力防止提升轿厢或对重）要求：

$$F_{V1}/F_{V2} \geqslant e^{f\alpha}$$

式中　F_{V1}——在各种受力工况下，曳引轮侧（轿厢）较大拉力（N）；

$\quad\quad F_{V2}$——在各种受力工况下，曳引轮两侧（对重）较小拉力（N）；

$\quad\quad e$——自然对数的底，$e = 2.71828$；

$\quad\quad f$——当量摩擦系数；

$\quad\quad \alpha$——钢丝绳在曳引轮上的包角。

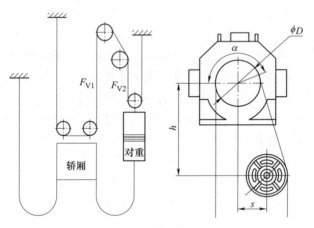

图 2-8　曳引力计算示意图

1）轿厢装载工况。

当轿厢装有 125%额定载荷并位于最底层站时，轿厢应保持平层状态不打滑。此时：

轿厢侧拉力 F_{V1}：

$$F_{V1} = \frac{P + 1.25Q}{R_v} + W_{sr}N_{sr}H_R \tag{2-4}$$

式中　P——轿厢自重（kg）；

$\quad\quad Q$——电梯额定载荷（kg）；

$\quad\quad R_v$——曳引比；

$\quad\quad W_{sr}$——钢丝绳每米重量（kg/m）；

$\quad\quad N_{sr}$——钢丝绳数量；

$\quad\quad H_R$——提升高度（m）。

对重侧拉力 F_{V2}：

$$F_{V2} = (P + K_pQ + W_{cr}H_R)/R_v \tag{2-5}$$

式中　K_p——电梯平衡系数（一般取 0.4~0.5）；

　　　W_{cr}——补偿链每米重量（kg/m）。

当 $\mu = \dfrac{0.1}{1+vR_v/10}$ 时，则当量摩擦系数：

$$f = \mu\,\frac{4\left(\cos\dfrac{\gamma}{2} - \sin\dfrac{\beta}{2}\right)}{\pi - \beta - \gamma - \sin\beta + \sin\gamma} \tag{2-6}$$

式中　v——轿厢运行速度（m/s）；

　　　μ——钢丝绳与绳槽之间的摩擦系数，当绳槽为钢或铸铁时，取 $\mu=0.09$；

　　　γ——轮槽角度；

　　　β——轮槽下部切口角。

2）紧急制动工况。

紧急制动工况分"轿厢额载低层"和"轿厢空载高层"两种情况。

① 装有额定载荷的轿厢以额定速度向下行驶，至接近最低层站时，电梯突然失电，紧急制动，制动减速度为 a，此时：

轿厢侧拉力 F_{V1}：

$$F_{V1} = (P + Q)(g_n + a)/R_v\,W_{sr}N_{sr}H_R(g_n + R_v a)$$

式中　a——制动减速度（m/s^2）；

　　　g_n——重力加速度（m/s^2）。

对重侧拉力 F_{V2}：

$$F_{V2} = (P + K_p Q + W_{cr}N_{cr}H_R)(g_n - a)/R_v$$

式中　N_{cr}——补偿链数量。

② 空载轿厢以额定速度向上行驶，至接近最高层站时，电梯突然失电，紧急制动，制动减速度为 a，此时：

轿厢侧拉力 F_{V1}：

$$F_{V1} = (P + 0.5H_R W_{tr}N_{tr} + W_{cr}N_{cr}H_R)(g_n - a)/R_v$$

对重侧拉力 F_{V2}：

$$F_{V2} = (P + K_p Q)(g_n + a)/R_v + W_{sr}N_{sr}H_R(g_n + R_v a)$$

式中　W_{tr}——随行电缆每米重量（kg/m）；

　　　N_{tr}——随行电缆数量。

3）轿厢或对重滞留工况。

空载轿厢冲顶，对重压到缓冲器上，曳引机按电梯上行方向旋转，曳引绳应能打滑。此时：

轿厢侧拉力 F_{V1}：

$$F_{V1} = (P + 0.5H_R W_{tr}N_{tr} + W_{cr}N_{cr}H_R)/R_v$$

对重侧拉力 F_{V2}：

$$F_{V2} = W_{sr}N_{sr}H_R$$

（3）摩擦系数计算

1）半圆槽和带切口的半圆槽（见图 2-9）当量摩擦系数：

$$f = \mu \frac{4\left(\cos\frac{\gamma}{2} - \sin\frac{\beta}{2}\right)}{\pi - \beta - \gamma - \sin\beta + \sin\gamma} \qquad (2\text{-}7)$$

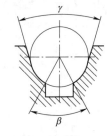

图 2-9　带切口
的半圆槽

式中　β——下部切口角度值；

　　　γ——槽的角度值；

　　　μ——摩擦系数；

　　　f——当量摩擦系数。

β 最大不应超过 $105°$（1.83rad）。

γ 由制造商根据槽的设计提供，其值不应小于 $25°$（0.44rad）。

2）V 形槽当量摩擦系数。

当槽未进行附加的硬化处理时，为了限制由于磨损而导致曳引条件的恶化，下部切口是必要的，如图 2-10 所示为 V 形槽。

① 轿厢装载工况和紧急制动工况。

对于未经硬化处理的槽，有

$$f = \mu \frac{4\left(1 - \sin\frac{\beta}{2}\right)}{\pi - \beta\sin\beta} \qquad (2\text{-}8)$$

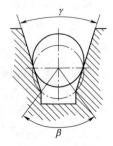

图 2-10　V 形槽

式中　β——下部切口角度值。

对于经硬化处理的槽，有

$$f = \mu \frac{1}{\sin\frac{\gamma}{2}}$$

② 轿厢滞留工况。

对于硬化或未硬化处理的槽

$$f = \mu \frac{1}{\sin\frac{\gamma}{2}} \qquad (2\text{-}9)$$

式中　γ——槽的角度值；

　　　μ——摩擦系数；

　　　f——当量摩擦系数。

β 最大不应超过 $105°$（1.83rad）。任何情况下，γ 值不应小于 $35°$（0.61rad）。

（4）摩擦系数

1）对于装载工况，$\mu = 0.1$。

2）对于紧急制动工况

$$\mu = 0.1/(1 + v_G/10)$$

式中　μ——摩擦系数，可从图 2-11 中查得摩擦系数；

　　　v_G——与轿厢额定速度对应的绳速。

3）对于滞留工况，$\mu = 0.2$。

（5）曳引轮绳槽间距

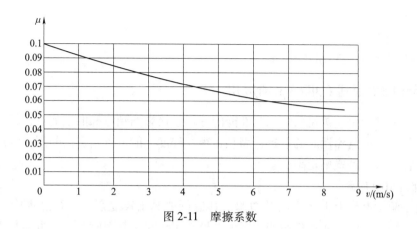

图 2-11　摩擦系数

曳引轮的绳槽间距 E 受结构强度的制约，其尺寸不能过小，以免曳引轮绳槽顶部崩裂；若其尺寸过大，又会使曳引轮的宽度增加，造成曳引轮制造加工困难、成本提高。根据曳引轮切口半圆槽槽距通用标准，一般情况绳间距 $E \approx 1.5d$（d 为钢丝绳直径），对于直径为 13.0mm 的曳引钢丝绳，选取曳引轮切口半圆槽的槽距 $E = 20.0$mm。但在生产中还要考虑实际应用情况，如当提升高度高时，相应要考虑适当增大绳间距，以免在运行过程中钢丝绳间互相拍打。

（6）曳引轮直径设计

曳引轮直径 D 的大小直接影响到轿厢的速度，设电动机的输入转矩为 T_1，蜗轮上的输出转矩为 T_2（圆周力为 F_2），曳引轮上承受的曳引转矩为 T_2'（曳引轮两侧曳引绳之间的拉力差为 G）。

$$D = \frac{6000v_0 i_{12} i_y}{\pi n_1 e} \tag{2-10}$$

式中　v_0——电梯额定速度（m/s）；

$\quad\quad i_{12}$——电梯曳引机减速器传动比；

$\quad\quad i_y$——电梯曳引比；

$\quad\quad n_1$——电梯曳引机用电动机的额定转速（r/min）；

$\quad\quad e$——速度系数，取值 $0.94 \sim 1.05$。

当曳引轮两侧之间的拉力差 G 给定，D、T_2' 增大，引起 T_2 增大时，则需要选用较大功率的电动机，而且曳引轮直径 D 的增大也会造成曳引轮加工困难，使成本提高。但如果曳引轮直径过小，会使曳引钢丝绳的弯曲应力加大。

（7）运行速度计算

采用有齿轮曳引机的电梯，其运行速度与曳引机的减速比、曳引轮直径、曳引比、曳引电动机的转速之间的关系可用以下公式表示：

$$v = \frac{\pi D n}{60 i_y i_j} \tag{2-11}$$

式中　v——电梯运行速度（m/s）；

$\quad\quad D$——曳引轮直径（m）；

i_y——曳引比（曳引方式）；

i_j——减速比；

n——曳引电动机转速（r/min）。

2.2.4 蜗轮副曳引机在电梯上的应用

曳引机是电梯的驱动减速系统，其性能的好坏直接影响到电梯的性能。选择一台合适的曳引机，不仅是保证电梯性能的前提，而且在很大程度上能节省制造商与用户的成本。一般常用的是蜗杆下置式卧式蜗轮副曳引机。

1. 电梯曳引机功率

曳引机是驱动电梯上下运行的动力源，其运行情况比较复杂。运行过程中需频繁的起动、制动、正转、反转，而且负载变化很大，经常工作在重复短时状态、电动状态、再生制动状态的情况下。因此，要求曳引电动机不但应能适应频繁起动、制动的要求，而且要求起动电流小、起动力矩大、机械特性硬、噪声小，当供电电压在额定电压±7%的范围内变化时，还能正常起动和运行，因此电梯用曳引电动机是专用电动机。曳引式电梯常用以下公式计算，确定曳引机驱动电动机的功率，即

$$P = \frac{(1 - K_P)Qv}{102\eta} \tag{2-12}$$

式中　P——曳引电动机轴功率（kW）；

　　　Q——电梯轿厢额定载重量（kg）；

　　　K_P——电梯平衡系数（一般取 0.4～0.5）；

　　　v——电梯额定运行速度（m/s）；

　　　η——电梯的机械总效率。

采用有齿轮曳引机的电梯，若蜗轮副为阿基米德齿形时，电梯机械总效率取 0.5～0.55。采用无齿轮曳引机的电梯，电梯机械总效率取 0.75～0.8。根据公式可以求得任何载重在任一状态下电梯稳速运行时的电动机输出功率，其中在轿厢满载上行时电动机输出功率最大，可以根据此时的计算功率来配置曳引机功率。

对于双速驱动电梯，还要对电动机的起动转矩进行核算。

2. 输出转矩的计算

$$M_1 = \frac{9550P_1\eta}{n_1} \tag{2-13}$$

式中　M_1——输出转矩（N·m）；

　　　n_1——转速（r/min）。

3. 曳引电梯的盘车力计算

$$F_s = \frac{(1 - K_P)QD_1g_n}{rI\eta D_2}$$

式中　F_s——提升有效额定载荷轿厢曳引电梯盘车轮所需力（N）；

　　　K_P——电梯平衡系数；

　　　Q——电梯轿厢额定载重量（kg）；

D_1——曳引轮直径（mm）；

D_2——盘车轮直径（mm）；

r——曳引钢丝绳的倍率；

I——曳引机减速比；

η——曳引机传动总机械效率。

4. 曳引能力钢丝绳槽分析

该项目是曳引机选型过程中的一个重点确认项目，如果选择不当会引起在使用过程中钢丝绳在绳槽中打滑或钢丝绳提前失效的可能。

（1）曳引能力确认

在确认曳引能力时必须考虑三种工况：

1）轿厢装载工况：此工况在轿厢最不利的情况下进行计算，一般情况下轿厢在最低层站时曳引能力的要求最高。装载工况有可能导致超载，因此在设计此工况的曳引能力时必须有安全裕度，一般情况按轿厢面积所能承载的额定载荷的125%来复核计算。

2）紧急制动工况：电梯在起制动阶段和检修运行时必须保证钢丝绳在曳引绳槽中不打滑。紧急制动工况时钢丝绳与曳引轮之间处于滚动摩擦形式，在曳引能力计算时必须按运行速度进行修正。

3）轿厢滞留工况：此种工况要求钢丝绳能打滑，否则有可能提升轿厢或对重时发生严重的安全事故。在此种情况校核时必须按最严重的要求进行校核，特别是对未经硬化处理的V形槽。按V形槽进行校核：摩擦系数按钢丝绳与曳引轮能达到的最大值 $\mu = 0.2$ 选取。一般情况下轿厢空载在最顶层最危险。

（2）曳引轮绳槽的合理确定

在进行曳引钢丝绳的选配时必须考虑两个安全系数：钢丝绳抗拉破断强度和弯折破断强度。其中抗拉破断强度与曳引轮的绳槽数量有关，而弯折破断强度与曳引轮槽形及绕绳方式有关。按规定，钢丝绳的最小破断强度安全系数为12，而弯折破断强度及安全系数需通过计算求得。

（3）制动力矩分析

制动器是电梯曳引机的重要组成部分，在电梯停止或电源断电情况下，制动器能制动抱闸，以保证电梯不致移动。当载有125%额定载重量的轿厢以额定速度向下运行时，操作制动器应能使曳引机停止运转，且轿厢的减速度不应超过安全钳动作或轿厢撞击缓冲器所产生的减速度。常用的电磁制动器，其结构是由弹簧、带有制动衬垫的制动瓦以及电磁铁组成，其机械部分应分两组装设。如果一组部件不起作用，应仍有足够的制动力使载有额定载荷以额定速度下行的轿厢减速下行。

（4）润滑油的选用

润滑油选择是否正确直接影响曳引机的使用性能。一般情况下蜗轮副曳引机宜选用40℃时运动黏度为220~460的润滑油。在使用环境温度较高的场合（平均温度高于20℃）选用黏度高的润滑油，在使用环境温度低的场合（平均温度低于20℃）选用黏度低的润滑油，这样便于蜗轮副间在起动运行阶段形成润滑油膜。用于自动扶梯的曳引机，由于它处于连续的运行状态，油浴温度长时间处于较高的状态，因此宜选用运行黏度高的润滑油。为了便于初期的跑合，第一次使用的润滑油宜选用矿物油，同时注意矿物油与合成油在换用时要把减速箱用柴油清洗干净。

2.2.5　提高曳引能力的措施

既然曳引能力在电梯运行中发挥着如此重要的作用，那怎样才能提高曳引能力呢？通常有以下几种措施：

1. 改变绳槽形状及绳槽材料，提高摩擦系数

（1）使用非金属槽垫

20 世纪 60 年代中期就有非金属的槽垫用于电梯的曳引轮中，以前只在矿山提升机的大驱动轮中使用，这种非金属的槽垫，要求具有很高的耐磨性、抗滑动性能好，即摩擦系数要高，要有阻燃性，且在不同环境下都要具有稳定的抗老化性能，比较适宜的材料就是用聚氨酯纤维，槽垫的每段表面制有弹力花纹，镶垫在曳引轮的 V 形槽内，使用衬垫后，增加了曳引能力且半圆槽内的比压下降，从而延长了钢丝绳的寿命。钢丝绳与金属槽之间的摩擦系数约为 0.09，而钢丝绳与聚氨酯镶块之间的摩擦系数是金属槽的 2 倍。与金属槽相比，钢丝绳在槽内的接触噪声也相应小了，传到轿厢的振动也会减小。由于使用衬垫，槽的空间尺寸增大，因此也增大了加工费用，但这仅是一次性加工。在绳槽磨损后，可省去金属槽面加工修整的工序，这种非金属槽垫的应用，扩大了单绕方式的应用范围，目前非金属槽垫的驱动已应用于轿厢速度为 5m/s 的有齿轮和无齿轮的传动中。

从安全方面考虑，使用非金属槽垫最主要的要求是，当槽垫因任何原因发生损坏（如槽垫被烧坏）时，钢丝绳与绳槽之间仍应保持足够的曳引能力，为此，若将槽垫放置在轮槽夹角为 35°的 V 形槽内，上面这一要求便可以得到满足。

（2）采用扁平复合曳引带技术

随着电梯技术的发展，采用扁平复合曳引带设计的电梯悬挂系统日趋成熟，在国内多家电梯生产厂商的产品系列中，相继出现了采用复合曳引带设计的新型电梯。采用此项设计可以显著缩减曳引机的体积、重量，降低井道噪声，最主要的是复合曳引带较大的摩擦系数可以大大提高曳引能力和降低轿厢自重的设计需求，对节约材料、降低能耗有着显著的效果。

复合曳引带的摩擦系数与钢丝绳曳引相比，显著的特点是摩擦系数增大，在关注高摩擦系数对曳引条件设计的相关影响时还需要重点关注高分子材料与钢铁材料之间动摩擦系数随速度变化的趋势。确定复合曳引带的摩擦系数设计值时，需考虑材料间的摩擦系数，通常是随相对滑动速度的增加而下降的因素，以及环境影响等因素。考虑到高分子材料的许用温度较低，曳引带传动的悬挂比一般大于 1，而曳引带相对运行速度较大，因此对复合带速度与摩擦系数的关系及其影响应该高度关注。

高摩擦系数降低了轿厢的自重系数设计要求，但也带来了电动机功率配置方面的问题，按照曳引条件中最佳平衡系数的配置条件，轿厢自重系数减小将使得平衡系数的最佳配置值下降，因此采用复合曳引带的电梯轿厢重量和平衡系数均较低。随着平衡系数偏离 0.5 的程度增大，额定载荷工况下曳引轮两侧的重力差增大，还因为电梯对于超载控制要求在不大于 110%额定载荷条件下满足运行要求，这就需要曳引电动机额定功率（转矩）配置增加。如果考虑到电动机功率需求而加大平衡系数，减小最大设计载荷工况的重力差负载，则将要求曳引系统提供更大的曳引能力，对此类问题在设计时必须综合考虑。

在常用的钢丝绳曳引悬挂系统中，由于曳引钢丝绳与曳引轮槽接触状态大部分为弯曲圆柱面环绕在圆柱面弧形槽内的复杂曲面，因此悬挂钢丝绳的制造质量对于运行时各根绳间的运行线速度差及张力平衡具有重要影响。在复合曳引带悬挂系统中，曳引带与曳引轮的接触状态简化为平滑的圆柱面接触。复合曳引带在悬挂运行中，各根带通过曳引轮时的线速度一致性直接取决于当量包络直径，鉴于复合曳引带的曳引轮为平滑圆柱体，各根带在曳引轮上的接触直径易于精确控制，因此偏差主要涉及曳引带自身的尺寸和形状的精度。复合曳引带外层包覆材料的相对弹性较大，因此曳引带的运行线速度直接取决于钢丝绳的线速度，而线速度又取决于钢丝绳在曳引带中与曳引轮接触面的相对距离精度。在初始张力平衡的条件下，复合曳引带中钢丝绳与曳引轮接触面的距离精度直接影响运行速度的一致性。因此，控制复合曳引带中钢丝绳与曳引力接触面的距离尺寸精度，是复合曳引带制造尺寸偏差控制的关键。

复合曳引带是一种新型的复合材料，其中主要承力材料还是传统的钢丝绳，外覆材料一般是聚氨酯、聚丁二烯橡胶等高分子材料。由于高分子材料对于环境的适应性差别较大，因此对于长期运行安全要求较高的电梯悬挂部件，对外覆材料的适应性（紫外线破坏、湿热水解等）必须予以重视。一些制造商对采用复合曳引带电梯的运行环境规定了室内无日光井道，但是对于湿热的环境未予说明，因此对于湿热环境造成聚氨酯材料部件裂纹报废的教训值得参考。

2. 驱动系统的布置方式

电梯是由曳引机输出动力，通过曳引绳带动轿厢和对重运行的。所以，具体的一种电梯驱动系统是根据电梯载重量、额定速度和建筑物的特点，曳引绳曳引比、曳引绳缠绕方式和曳引形式（曳引机位置）可以有多种组合，不同的组合可取得不同的传动效果和实现不同的用途。在实际应用中，应优先选用简单的方式，简化结构，而且由于用了最少的曳引轮，减少了曳引绳的弯曲，从而提高了曳引绳的使用寿命，同时传动总效率也可得到提高。

曳引绳曳引比是指悬吊轿厢的钢丝绳根数与曳引轮单侧的钢丝绳根数之比。曳引比分为 $1:1$、$2:1$、$3:1$ 等，其比值表示曳引绳线速度与轿厢运行速度之比，比值越大曳引轮所承受的载荷量相对越小，在电动机功率不变的情况下可运送更大的载重量。

（1）半绕式导向轮设计

曳引绳挂在曳引轮上，曳引绳对曳引轮的最大包角为 180°。一般导向轮设在机房内，这样安装也方便。但当轿厢悬挂的中心线与对重的悬挂中心线有较大跨距时，为了减小曳引钢丝绳包角的损失，将导向轮安装在井道顶部。若把 α 作为钢丝绳在曳引轮上的包角，则曳引轮水平轴线与钢丝绳在曳引轮上切线之间的夹角 $\varphi = 180° - \alpha$，φ 越大，α 包角损失越大，根据几何关系，φ 角有下述表达式：

$$\sin\varphi = \frac{l\sqrt{l^2 + h^2 - (R_s - R_p)^2} - h(R_s - R_p)}{l^2 + h^2} \tag{2-14}$$

式中　R_s——曳引轮节径；

　　　R_p——导向轮节径。

当曳引轮与导向轮的节径相等（$R_s = R_p$）时，式（2-14）为 $\sin\varphi = l/\sqrt{l^2 + h^2}$，或 $\tan\varphi = l/h$。

从上式中可以看出，φ 与曳引轮和导向轮轴线之间的水平和垂直距离有关。但由于距离 l 是一个定值（$l=L-(R_s+R_p)$），所以很明显，包角的大小主要取决于垂直距离 h 值，选择 h 值时尚须考虑机房高度及维修等因素，如图 2-12、图 2-13 所示。

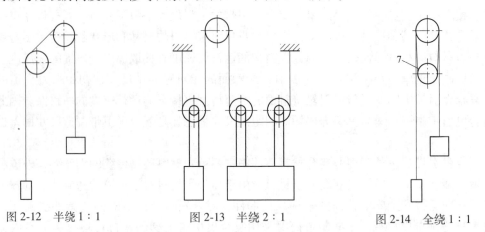

图 2-12　半绕 1 ∶ 1　　　　图 2-13　半绕 2 ∶ 1　　　　图 2-14　全绕 1 ∶ 1

（2）全绕式导向轮设计

对于全绕式（见图 2-14），钢丝绳各分支张力之间有以下的表达式：

$$F_{V2}/F_{V3} = e^{fa_1} \tag{2-15}$$

$$F_{V3}/F_{V1} = e^{fa_2} \tag{2-16}$$

式中　F_{V3}——曳引轮两侧曳引钢丝绳的拉力。

合并式（2-15）式和式（2-16），可得到

$$F_{V2}/F_{V1} = e^{f(a_1+a_2)}$$

全绕式一般用在高速电梯上，曳引轮绳槽形式通常用半圆槽。

3. 电梯曳引形式

电梯曳引形式分为上置曳引形式和下置曳引形式两种。

（1）上置曳引形式

曳引机驱动的电梯，机房在井道上方的为上置曳引形式。由于曳引机安装在井道上方，这时机房总载荷为

机房总载荷 = 曳引机重量 + 轿厢自重 + 轿厢载荷 + 曳引绳自重 + 其他部件自重

由于上置曳引形式对建筑物的载荷量相对较小，所以这是电梯最常用的一种形式，如

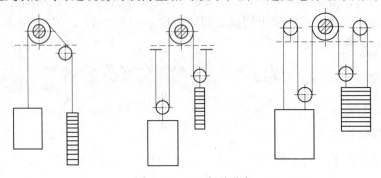

图 2-15　上置曳引形式

图 2-15 所示。

（2）下置曳引形式

曳引机驱动的电梯，机房在井道下面底坑的为下置曳引形式，这种形式的机房总载荷为

$$机房总载荷 = 2 \times （轿厢自重 + 轿厢载荷 +$$
$$对重自重 + 下置曳引绳自重）$$

下置曳引形式如图 2-16 所示。

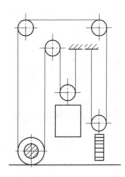

图 2-16　下置曳引形式

2.3　制动器

制动器的功能是保证电梯轿厢的停止位置，防止轿厢移动，保证进出轿厢的人员和货物安全，还能在双速拖动技术不完善的梯种上参与减速平层过程。

制动器一般由电磁铁、制动臂、制动瓦和制动弹簧等组成，如图 2-17 所示。

当电磁铁线圈获电时，铁心迅速被磁化吸合，带动制动臂移动，克服弹簧阻力而使制动瓦离开制动轮，电梯可以运行。当电磁铁线圈失电时，电磁力消失，铁心在弹簧力作用下复原，闸瓦抱紧制动轮，电梯停止运行。

电磁铁分为交流和直流两种。一般使用直流电磁铁，它构造简单、噪声小、动作平稳。制动臂的作用是传递制动力和松闸力。制动弹簧的作用是向制动瓦提供制动压紧力。

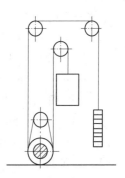

图 2-17　制动器
结构示意图

2.4　曳引钢丝绳及绳头组合

2.4.1　曳引钢丝绳

曳引钢丝绳（简称钢丝绳）是电梯运行中的重要构件。在运行中钢丝绳弯曲次数十分频繁，经常处在起、制动的载荷状态。由于使用场合的特殊性和安全可靠性的要求，所以要求钢丝绳具有较高的强度和径向韧性及较好的抗磨性。

曳引钢丝绳在应用时，一般不需要加润滑剂，以免影响曳引能力。

2.4.2　曳引钢丝绳直径及根数的选择

1. 曳引钢丝绳直径的选择

在电梯中，曳引钢丝绳终日悬挂重物，对于工作繁忙的电梯曳引钢丝绳，弯曲疲劳破坏和表面磨损是造成曳引钢丝绳报废的主要原因。弯曲次数频繁，容易造成过早的疲劳屈服。为保证曳引钢丝绳的使用寿命，从曳引钢丝绳安全的角度，为了提高曳引钢丝绳的强度、延长曳引钢丝绳的使用寿命，电梯上规定曳引轮直径 D 与曳引钢丝绳直径 d 的比值应满足：

$$D/d \geqslant 40 \tag{2-17}$$

式中　d——曳引钢丝绳直径（不小于 8mm）；

　　　D——曳引轮直径。

2. 曳引钢丝绳安全系数计算

曳引钢丝绳安全系数：装有额定载荷的轿厢停靠在最低层站时，一根曳引钢丝绳的最小破断载荷（N）与这根曳引钢丝绳所受的最大力（N）之间的比值，对于三根或三根以上曳引钢丝绳的曳引驱动电梯计算：

$$K = \frac{F_\text{p} n m}{(W + Q + Hnmq) g_\text{n}} \tag{2-18}$$

式中　K——安全系数；

　　　F_P——曳引钢丝绳的最小破断载荷（N）；

　　　n——曳引钢丝绳的根数；

　　　W——轿厢自重（kg）；

　　　Q——额定载荷（kg）；

　　　H——轿厢至曳引轮悬挂长度（m）；

　　　q——钢丝绳单位长度重量（kg/m）。

3. 曳引钢丝绳根数的选择

（1）需要考虑的因素

确定曳引钢丝绳根数需要考虑以下几方面因素：

1）保证规定的安全系数。

2）限制曳引钢丝绳的弹性伸长（有微调装置的拖动中可以不考虑停靠惯性，直接停靠无爬行过程的电梯要考虑）。

3）曳引轮绳槽允许比压。

上述三种因素所需的曳引钢丝绳的根数是不同的，其中最大的整数值，就是电梯所需要的曳引钢丝绳的根数。

（2）曳引钢丝绳根数的计算

各种因素情况下，所需的曳引钢丝绳根数的计算公式如下：

1）从保证规定的安全系数方面考虑，在没有补偿状态下，确定曳引钢丝绳的根数 n_1。

$$n_1 = \frac{(G + Q)K_\text{J}}{K \times (S_0 - WK_\text{J})} \tag{2-19}$$

式中　K——与曳引比有关的系数，曳引比为 1∶1 时，$K = 1$；曳引比为 2∶1 时，$K = 2$；

　　　W——提升高度内单根曳引钢丝绳的重量（轿厢在最低层位置时）。

2）从绳槽允许比压方面考虑确定钢丝绳根数 n_2。

对于上机房曳引钢丝绳没有受到补偿的情况：

$$n_2 = \frac{\omega(G + Q)}{K(dDP - W\omega)} \tag{2-20}$$

式中　P——曳引轮材料许用挤压应力（MPa）；

　　　D——曳引轮直径（mm）；

　　　d——曳引钢丝绳直径（mm）；

　　　ω——与绳槽形状有关的挤压系数。

半圆形带切口槽：$\omega = \dfrac{8\cos(\beta/2)}{\varphi + \sin\varphi - \beta - \sin\beta}$

对于 V 形槽：当楔角 $\theta = 35°$ 时，则 $\omega = 12$；当楔角 $\theta < 35°$ 时，则 $\omega = \dfrac{4.5}{\sin(\theta/2)}$

3）曳引轮绳槽上实际存在的比压 P 按下式计算

$$P = F_{\mathrm{J}}/ndD \tag{2-21}$$

式中　F_{J}——当满载轿厢停靠在最低层站时，在曳引轮水平面上，轿厢一侧的钢丝绳的静拉力。

在轿厢满载的情况下，无论如何比压不得超过下列值

$$P \leqslant \frac{12.5 + 4V_{\mathrm{c}}}{1 + V_{\mathrm{c}}} \tag{2-22}$$

式中　V_{c}——与轿厢额定速度相应的钢丝绳速度。

（3）曳引钢丝绳弹性伸长量

轿厢载荷的频繁增加和减少会使曳引钢丝绳长度产生弹性变化，对于高楼层电梯影响较大。

4. 曳引钢丝绳在拉力作用下的伸长量计算

$$H_a = \frac{F_{\mathrm{S}}H}{Ea}$$

式中　H_a——钢丝绳伸长量（mm）；

　　　H——钢丝绳长度（mm）；

　　　E——钢丝绳弹性模量（kg/mm^2）；

　　　F_{S}——施加的载荷（kg）；

　　　a——钢丝绳截面积（mm^2）。

2.4.3　绳头组合

钢丝绳的绳头（见图 2-18）在进行组合后才能与其他构件相连接。钢丝绳的绳头组合又称端接装置，具有多种结构，钢丝绳与端接装置组合后，由于其接合处应力集中、机械损伤等原因，会使该处的强度降低。我国《电梯制造与安装安全规范》中规定，其接合处至少应能承受钢丝绳最小破断负载的 80%。连接的强度高低与端接装置的种类有直接关系，电梯曳引绳常用端接装置的形式有：绳卡法、锥形套筒法、自锁紧楔形绳套法。

当钢丝绳的绕绳比为 1∶1 时，钢丝绳的一端固定在轿厢架的上梁上，另一端与对重架连接。其他情况时，钢丝绳必须绕过安装于轿厢架上的梁和对重架上的反绳轮。每根钢丝绳的悬挂必须是相对独立的。

2.4.4　曳引钢丝绳均衡装置

在电梯中设置曳引钢丝绳均衡受力装置对均衡各根曳引钢丝绳受力具有重要意义，否则曳引轮上各绳槽的磨损是不均匀的，会对电梯的使用性能和曳引能力带来不利因素。

曳引钢丝绳均衡受力装置有两种：均衡杠杆式和弹簧式。在均衡受力方面，弹簧式均衡受力装置虽然不如杠杆式的好，但在曳引钢丝绳根数比较多的情况下，用弹簧式均衡受力装

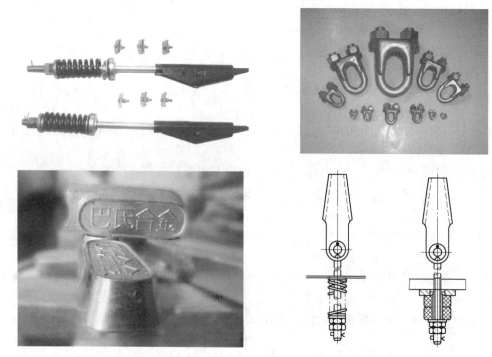

图 2-18　钢丝绳的绳头组合

置比均衡杠杆式方便可行，所以目前基本上都采用弹簧式均衡受力装置。

　　弹簧式均衡受力装置：图 2-19 所示为曳引比 2∶1 的弹簧式均衡受力装置简图。均衡受力装置除了可调节各根曳引钢丝绳的张力外，还有缓冲和减振作用。曳引钢丝绳组合装置将拉杆插入横梁绳头板孔中，并套入弹簧、垫圈，用双螺母固定。当螺母拧紧时，弹簧受压，曳引钢丝绳的拉力随之增大，被拉紧。反之，螺母拧松时，弹簧伸长，曳引钢丝绳受力减小，产生松弛。由此可见，通过螺母的拧紧或拧松，

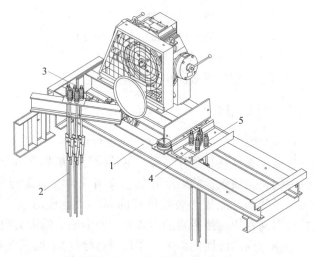

图 2-19　弹簧式曳引钢丝绳组合装置
1—轿架上横梁　2—曳引绳　3—绳头装置　4—绳头板　5—绳头弹簧

可改变弹簧受力，以达到均衡各根曳引钢丝绳的受力的目的。为了减少曳引轮槽和曳引钢丝绳的磨损，应调节各根曳引钢丝绳的张力差，使之不大于 5%。绳头弹簧通常排成两排平行于曳引轮轴线，其相互之间的距离应尽可能小，以保证曳引钢丝绳最大斜度牵引（牵引度）不得超过规定值；

$$\frac{a}{H} \leqslant 0.06$$

$$\frac{b}{H} \leqslant 0.03$$

式中　a——曳引钢丝绳固定位置间距；

　　　b——平行曳引轮轴方向的曳引钢丝绳固定位置间距离；

　　　H——轿厢在最高位置时，曳引轮中心到曳引钢丝绳固定点间的垂直距离。

弹簧式均衡受力装置中的压缩弹簧，不宜选得太软或太硬。若太软，当电梯起、制动时，轿厢跳动幅度较大，会使乘客感到舒适感差；若太硬，同样会使乘客感到舒适感差。

本 章 小 结

本章主要介绍曳引机提升原理、曳引传动关系、曳引系统受力分析、计算电梯的曳引力，电梯的曳引力是依靠曳引绳与曳引槽之间的摩擦力产生的；对重匹配分析；曳引传动形式，常见电梯的曳引形式及特点、曳引比；曳引钢丝绳及绳头组合，曳引钢丝绳直径及根数的选择。现代电梯广泛采用曳引驱动方式。曳引机作为驱动机构，曳引钢丝绳挂在曳引机的绳轮上，一端悬吊轿厢，另一端悬吊对重装置。曳引机转动时，由曳引钢丝绳与绳轮之间的摩擦力产生曳引力来驱使轿厢上下运动。

习 题 与 思 考

2-1　什么是曳引机的分类及结构？各有什么特点？

2-2　电梯机械驱动系统的布置方式有几种？

2-3　包角的几何方法是如何计算的？

2-4　简述曳引钢丝绳及绳头组合的作用。

2-5　选择电梯曳引电动机时，如何确定其功率大小？

2-6　电梯制动器的作用是什么？简述它的工作原理。

2-7　应用题：已知额定速度：2.5m/s；额定载重量：1600kg；额定功率：26.7kW；电动机转速：212r/min；转矩：1200N·m；曳引轮直径和钢丝绳槽：$\varphi450 \times 8 \times \varphi10 \times 15$；曳引比：2∶1；最大轴负荷：6000kg。求曳引电动机功率（23.965kW）、输出转矩（1017N·m）。

第3章

轿厢及其平衡装置设计计算

3.1 轿厢基本结构

电梯轿厢是用于运送乘客或货物的箱形空间。电梯轿厢一般由轿底、轿壁、轿顶、轿厢架（龙门架）、轿门等几个主要构件组成，如图 3-1 所示。

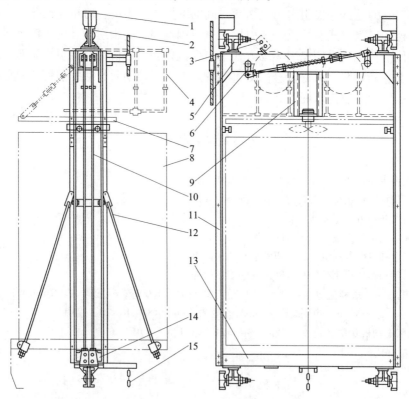

图 3-1　轿厢结构示意图

1—导轨加油壶　2—导靴　3—轿顶检修厢　4—轿顶安全栅栏　5—轿架上梁
6—安全钳传动机构　7—开门机架　8—轿厢　9—风扇架　10—安全钳拉条
11—轿架直梁　12—轿厢拉条　13—轿架下梁　14—安全钳嘴　15—补偿装置

各类电梯的轿厢基本结构相同，由于用途不同，在具体结构及外形上会有一定差异。客梯的轿厢一般宽大于深，这样设计的目的是方便人员的出入，有利于提高运行效率；货梯的轿厢一般深大于宽或宽深相同，这主要是考虑装卸货物方便；病床电梯的轿厢为适应病床的运送而做得深而窄；观光梯轿厢的外形常做成菱形或圆形，观光侧的轿壁使用强化玻璃；超高速电梯的外形做成流线形，以减少空气阻力及运行噪声。

3.1.1 轿厢架

轿厢架是承重结构件，由上梁、立梁、下梁（轿底架）和拉杆等组成。上梁和下梁各用两根 16~30 号槽钢制成，也可用 3~8mm 厚的钢板压制而成，轿底通过减振橡胶或称重弹性元件支承在轿厢底架上。立柱在轿厢两侧，立梁用槽钢或角钢制成，为了减轻自重，也可以用 3~6mm 的钢板折弯成型钢形状。立柱的上、下端均用螺栓与上、下梁连接。上、下梁有两种结构形式，其中一种将槽钢背靠背放置，另一种则面对面放置。由于上、下梁的槽钢放置形式不同，作为立梁的槽钢或角钢在放置形式上也不相同。拉杆的作用是增强轿底（或轿厢底架）的稳定性，防止轿厢偏载时轿底板倾斜。当轿底面积较大时须用双拉杆。对负载重量小、轿厢深度浅的电梯，也可以不设拉杆。如果这些拉杆力点设在轿底架的适当位置，拉杆可承受轿厢地板上 3/8 左右的负载。

3.1.2 轿厢

轿厢高度：轿厢内部净高度不应小于 2m；使用人员正常出入轿厢入口的净高度不应小于 2m，如图 3-2 所示。

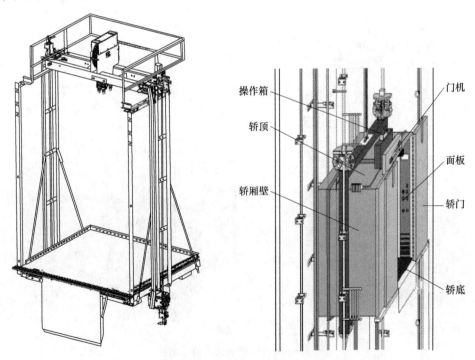

图 3-2　轿厢三维示意图

一般电梯的轿厢由轿底、轿厢壁、轿顶、轿门等机件组成，为了乘客的安全和舒适，轿厢出入口及内部净高度至少为 2m，为防止乘客过多而引起超载，轿厢的有效面积必须予以限制。轿厢的面积应按 GB 7588—2020 的 5.4.2.1.1 条的规定进行有效控制。轿厢的承载构件是轿底，轿底被固定在龙门轿架的下梁上，构成电梯轿厢骨架。轿壁固定在轿底上，在轿壁外层涂有防火隔音涂料。根据电梯使用场合和客户要求轿壁内层可以喷漆，也可以配有各种装潢，如图3-3所示。

1. 轿底

轿底由底板和框架组成，用6~10号槽钢和角钢按设计要求的尺寸焊接成框架，为了减轻重量，也有的用钢板压制成形后制作。然后在框架上铺设一层3~4mm厚的钢板或木板，面层再铺设塑胶板、大理石或地毯等；货梯的底板为承受集中载荷需要，常用4~5mm厚的花纹钢板直接铺设。普通乘客电梯、病床电梯在框架上铺设的多为普通平面无纹钢板，并在钢板上粘贴一层塑料地板。高级乘客电梯的轿厢大多设计成活络轿厢，这种轿厢的轿顶、轿底与轿架之间不用螺栓固定，在轿顶上通过四个滚轮限制轿厢在水平方向上做前后和左右摆动。而轿底的结构比较复杂，需有一个用槽钢和角钢焊接成的轿底框，这个轿底框通过螺栓与轿架的立梁连接，框的四个角各设置一块40~50mm厚、大小为200mm×200mm左右的弹性橡胶，和一般轿底结构相似，与轿顶和轿壁紧固成一体的轿底放置在轿底框的四块或六块弹性橡胶上。由于这几块弹性橡胶的作用，轿厢能随载荷的变化而上下移动，起到轿厢乘客称重作用、吸收加减速时的冲击，保证乘坐舒适感。在框架上铺设一层木板，然后在木板上铺放塑胶地砖或地毯。

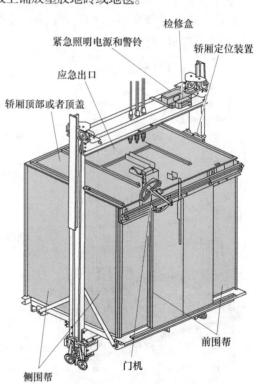

图 3-3 轿厢及轿厢架三维示意图

2. 轿底护板

在轿底前沿设有轿门地坎及护脚板，护脚板的宽度应等于层站入口的整个净宽度，其垂直部分的高度至少应为0.75m，垂直部分以下应呈斜面向下延伸。斜面与水平面的夹角应大于60°，该斜面在水平面上的投影深度不得小于20mm。对于乘客电梯，轿底板的面上设有踢脚板，踢脚板相对于轿壁凹入，可避免人的脚直接踢碰轿壁。

3. 轿厢壁

轿厢壁常用 1.2~1.5mm 的薄钢板折边，用筋板加固后制成，壁板的两头分别焊一根角钢作堵头。轿壁间以及轿壁与轿顶、轿底间多采用螺钉紧固成一体。每侧轿壁由多块壁板拼装而成。为了增大轿壁阻尼、减少振动，通常壁板后面粘贴夹层材料或涂上减振腻子灰。大小不同的轿厢，用数量和宽度不等的轿壁板拼装而成。为了美观起见，有的在各轿壁板之间还装有铝镶条，有的还在轿壁板面上贴一层防火塑料板，并用 0.5mm 厚的不锈钢板包边，有的还在轿壁板上贴一层 0.3~0.5mm 厚，具有图案或花纹的不锈钢薄板等。对于观光电梯的轿厢，可使用厚度不小于 10mm 的夹层强化玻璃，玻璃上应有供应商名称或商标、玻璃的形式和厚度〔如：(8+0.76+8)mm〕的永久性标志。在距轿厢地板 1.1m 高度以下，若使用玻璃作轿壁，则应在 0.9~1.1m 的高度设一个扶手，这个扶手应牢固固定。

3.1.3 轿顶

轿顶应有一块不小于 0.12m² 站人用的净面积，其短边不应小于 0.25m。离轿顶外侧边缘有水平方向超过 0.30m 的自由距离时，轿顶应装设护栏。护栏应由扶手、0.10m 高的护脚板和位于护栏高度一半处的中间栏杆组成，如图 3-4 所示。

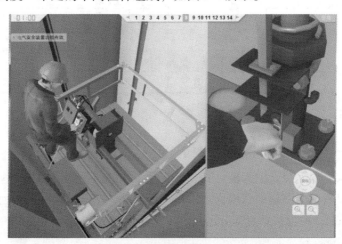

图 3-4　轿顶三维示意图

轿顶一般也像轿壁一样用薄钢板制成。轿顶需要安装有照明灯、开门机构、门电动机控制箱、风扇、检修用操纵箱等。为便于安装和方便维修人员进出及营救受困乘客，轿顶还设有安全窗，在发生事故或故障时，便于司机或检修人员上轿顶检修井道内的设备，由于检修人员经常上轿顶保养和检修电梯，为了确保电梯设备和维修人员的安全，电梯轿顶应能承受两个带一般常用工具的检修人员的重量。即在轿顶的任何位置上，均能承受 2000N 的垂直力而无永久变形，如图 3-5

图 3-5　轿顶及门机三维示意图

所示。

如果有轿顶轮固定在轿架上，应设置有效的防护装置，以避免：①伤害人体；②绳与绳槽间进入杂物；③悬挂钢丝绳松弛时脱离绳槽。

3.1.4 乘客数量

乘客数量按额定载重量÷75计算，计算结果向下取整到最近的整数；或取表3-1中较小的数值。

表3-1 轿厢最小有效面积和乘客人数

乘客人数/人	轿厢最小有效面积/m²	乘客人数/人	轿厢最小有效面积/m²
1	0.28	11	1.87
2	0.49	12	2.01
3	0.60	13	2.15
4	0.79	14	2.29
5	0.98	15	2.43
6	1.17	16	2.57
7	1.31	17	2.71
8	1.45	18	2.85
9	1.59	19	2.99
10	1.73	20	3.13

注：乘客人数超过20人时，每增加一人，增加0.115m²。

3.1.5 护脚板

每一轿厢地坎上均需装设护脚板，其宽度应等于相应层站入口的整个净宽度。护脚板的垂直部分以下应呈斜面向下延伸，斜面与水平面的夹角应大于60°，该斜面在水平面的投影深度不得小于20mm，护脚板垂直部分的高度不应小于0.75mm。

3.1.6 通风

位于轿厢上部及下部通风孔的有效面积均不应小于轿厢有效面积的1%。轿门四周的间隙在计算通风孔面积时可以考虑进去，但不得大于所要求的有效面积的50%。

3.2 轿厢受力分析基础

曳引电梯的工作方式主要为通过牵动固定在上梁上的曳引轮来实现电梯的上升和下降；轿厢架是固定轿厢体的承重框架，由上梁、下梁、立柱、拉杆等构件组成。

在后续建模及仿真过程中，对坐标系内方向统一规定如下，x、y、z分别表示其空间坐标方向，x方向代表出入口横向，y方向代表轿厢深度方向，z方向代表轿厢高度方向。原点位于入口处床台中点位置，如图3-6所示。

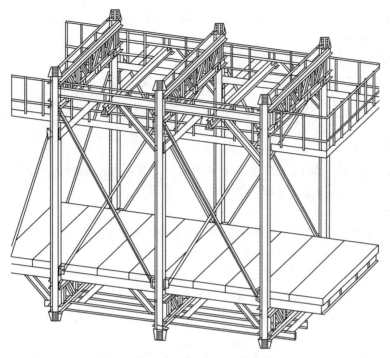

图 3-6　电梯轿厢架结构示意图

3.2.1　轿厢架的受力分析

1. 总载荷 p_T

依据经验可估算电梯轿厢架的总载荷：

$$p_T = \frac{2850LW}{6} \qquad (3\text{-}1)$$

式中　p_T——总载荷（kg）；

L——轿厢设计长度（m）；

W——轿厢设计宽度（m）。

2. 自重载荷 p_G

自重载荷是指电梯轿厢架全部构件的重力之和：

$$p_G = G_U + G_E + G_L + G_T + G_{Hu} + G_{Hl} + G_B$$

式中　G_U——上梁的自重；

G_E——立柱的自重；

G_L——下梁的自重；

G_T——拉杆的自重；

G_{Hu}——上横梁的自重；

G_{Hl}——下横梁的自重：

G_B——床台梁的自重。

自重载荷由轿厢架的每个构件决定，它的大小直接影响到电梯的承载能力，且对固有频率有一定影响。故在设计过程中，在满足强度和刚度的前提下，尽可能地减小自重载荷对整体结构是非常有利的。

3. 附加载荷 p_A

附加载荷包括了门系统的重力、轿厢的重力以及其他所有连接在轿厢架上设备的重力。这部分的载荷往往是固定的，并属于总载荷的一部分，因此，在分析计算时，将此载荷均布在床台平面。

4. 额定载荷 p_R

额定载荷为电梯在一定的安全系数下所能承受的载荷（一般情况下为客户要求的电梯最大承受载荷）。此载荷在工作状态下，体现为工作载荷。

5. 工况载荷

工况载荷为电梯在工作状态下所承受的外加载荷。一般电梯设计中考虑的工况分为以下几种：

均载荷工况：额定载荷平均分布在床台表面的状态。

偏载荷工况：额定载荷非均匀分布在床台表面，一般要求考虑最不利的载荷分布状况。

制动工况：当电梯因异常而超速运动时，安全钳开始工作，产生制动力，使电梯停止运动，此制动过程即为制动工况。

起动工况：当电梯起动时，由于加速度作用，使得电梯承受了相应的惯性力，将经历一段超重过程，此即为起动工况（在电梯设计过程中，已经针对此类情况在设计安全系数时做了考虑，因此在强度及刚度分析时，无须再讨论此工况）。

停止工况：当电梯停止时，由于加速度作用，使得电梯承受了相应的惯性力，将经历一段失重过程，此即为停止工况（当电梯处于此工况时，所受载荷均有减小，因此，若电梯可以满足其他工况的强度及刚度要求，则无须再讨论此工况下的强度及刚度）。

为了研究的简化，在分析计算时，除轿厢架和床台自重以及工况载荷外，其余载荷都以均布方式分布在床台平面来进行分析。

3.2.2 轿厢架的约束分析

电梯轿厢架关于 O_{yz} 平面对称，在 x、y、z 坐标系中，其长度方向（y 方向）无位移约束。在实际工作中，轿厢偏斜后，能够起到约束作用是导靴与导轨接触，所以当电梯轿厢的变形不大时，导靴与导轨实际无法起到约束作用。在实际分析时，对其约束进行简化：考虑结构对称，故在两上梁中点处施加大小为"0"的 y 方向位移约束及 x、y、z 方向角位移约束。

在宽度方向（x 方向）上，电梯轿厢架也没有专门的约束组件，在实际工作中，轿厢偏斜后，导靴与导轨接触产生约束才能对电梯起到约束作用。在实际分析时，对其约束进行简化：考虑结构对称，故在两上横梁中点处施加大小为"0"的 x 方向位移约束及 x、y、z 方向角位移约束。

在高度方向（z 方向）上，电梯轿厢架完全依赖曳引绳进行约束。在实际分析时，对其约束进行简化：对上梁端部施加大小为"0"的 z 方向位移约束及 x、y、z 方向角位移约束。

以上简化，由于无法考虑冲击对轿厢架结构的强度及刚度等方面的影响，所以，分析结果存在一定局限性。图 3-7 为轿厢架和对重的三维示意图。

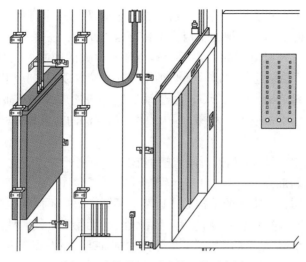

图 3-7　轿厢架和对重的三维示意图

3.3　轿厢的平衡装置与设计计算

3.3.1　轿厢的平衡（对重）装置

　　轿厢的平衡装置又称对重，如图 3-8 所示。对重是曳引电梯不可缺少的部分，对重装置位于井道内，通过曳引绳经曳引轮与轿厢连接，平衡轿厢的重量和部分电梯负载重量，减少电动机功率的损耗。在电梯运行过程中，对重装置通过对重导靴在对重导轨上滑行，起平衡作用。当电梯负载与对重十分匹配时，还可以减少钢丝绳与绳轮之间的曳引力，延长钢丝绳的使用寿命。对重相对轿厢悬挂于曳引绳的另一侧，当轿厢在顶层越程时，对重受缓冲器顶托，使曳引绳与曳引轮打滑，防止轿厢冲顶。

　　对重起到的平衡作用只对某一特定载重而言，因为轿厢的载重是变化的，只有当载重加上轿厢自重等于对重重量时，电梯才处于完全平衡状态，此时的负载量称为电梯的平衡点（如果负载是额定载重量的50%时电梯达到完全平衡，则称该电梯的平衡点为50%）。载重处于平衡点的电梯，由于曳引绳两端的静荷重相等，使电梯处于最佳工作状态。但在大多数情况下，曳引绳两端的荷重是不相等的，因此对重只能起到相对平衡作用。

　　对重产生的平衡作用在电梯运行中是不断变化的。因为电梯在运行过程中，轿厢侧和对重侧曳引绳的长度（重量）分别做相反的变化。当轿厢位于最低层时，曳引绳的重量大部分作用于轿厢侧；当轿厢位于顶层时，曳

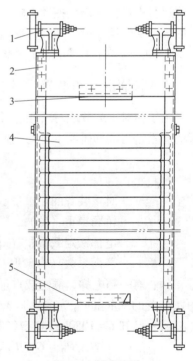

图 3-8　对重装置
1—导靴　2—对重架　3—绳头板
4—对重铁块　5—缓冲板

引绳的重量大部分作用在对重侧。这样，轿厢侧的重量 T 与对重侧重量 T' 的比例 T/T' 在电梯运行过程中是变化的，因此电梯的平衡除了具有相对性外，还存在着随动性。这种平衡的变化在提升高度不大时，对电梯的正常运行不会产生太大的影响，但当提升高度超过 30m 时，电梯的这种相对平衡就会被打破，而必须增设补偿装置以保持其相对平衡。

对重装置一般由对重架、绳头板、对重铁块、缓冲板（或缓冲器碰块），以及与曳引绳相连的对重轮组成。用于一般乘客电梯，采用 1：1 吊索法的对重装置如图 2-14 所示。

1. 对重架

对重架用槽钢或用 3~5mm 钢板折压成槽钢形式后和钢板焊接而成。其高度（含缓冲器碰块）一般不宜超出轿厢高度。

由于使用场合不同，对重架的结构形式也略有不同。根据不同的曳引方式，对重架可分为用于 2：1 吊索法的有轮对重架和用于 1：1 吊索法的无轮对重架两种。根据不同的对重导轨，又可分为用于 T 形导轨，采用弹簧滑动导靴的对重架，以及用于空心导轨，采用刚性滑动导靴的对重架两种。

电梯的额定载重量不同时，对重架所用的型钢和钢板的规格也不同。用不同规格的型钢作对重架直梁时，必须用与型钢槽口尺寸相对应的对重铁块。

2. 对重铁块

对重铁块用铸铁或钢筋混凝土填充做成。对重铁块的大小，以便于两个安装或维修人员搬动为宜。一般有 50kg、75kg、100kg、125kg 等几种，分别适用于额定载重量为 500kg、1000kg、2000kg、3000kg 和 5000kg 等几种电梯。对重铁块安放在对重架上后要用压板压紧，以防运行中移位和产生振动声响。缓冲器碰块设置在对重架框下侧，通常做成多节可拆式，这样当电梯使用一段时间后，曳引绳伸长到一定值时可拆下一节碰块，待再伸长一定值时再拆下一节，延长了电梯的裁绳周期，减少了维修工作量。

3.3.2　轿厢的平衡装置设计计算

为了使对重装置能对轿厢起最佳的平衡作用，必须正确计算对重装置的总重量。对重装置的总重量与电梯轿厢本身的净重和轿厢的额定载重量有关，它们之间的关系常用下式来计算，即

$$P_D = G + QK_P \tag{3-2}$$

式中　P_D——对重装置的总重量（kg）；

　　　G——轿厢净重（kg）；

　　　Q——电梯额定载重量（kg）；

　　　K_P——平衡系数（一般取 0.45~0.5）。

例：有一部电梯，额定载重量为 1000kg，轿厢净重为 1050kg，若取平衡系数为 0.5，求对重装置的总重量 P_D 为多少 kg？

解：已知 $G=1050$kg，$Q=1050$kg，$K_P=0.5$，代入得

$$P_D = G + QK_P = (1050 + 0.5 \times 1000)\text{kg} = 1550\text{kg}$$

答：对重装置的总重量应为 1550kg。

安装人员安装电梯时，根据电梯随机技术文件计算出对重装置的总重量之后，再根据每个对重铁块的重量确定放入对重架的铁块数量。对重装置过轻或过重，都会给电梯的调试工

作造成困难，影响电梯的整机性能和使用效果，甚至造成冲顶或墩底事故。

3.3.3 轿厢、对重（或平衡重）导致导轨受压力或拉力的垂直力（F_v）计算

1）轿厢对导轨的垂直力：

$$F_v = \frac{k_1 g_n (P + Q)}{n} + M_g g_n + F_p \tag{3-3}$$

2）对重对导轨的垂直力：

$$F_v = \frac{k_1 g_n M_{cwt}}{n} + M_g g_n + F_p \tag{3-4}$$

3）导轨支撑在底坑底面或悬挂（固定在井道顶部）的力：

$$F_p = N_b + F_r \tag{3-5}$$

4）导轨自由悬挂的情况（无固定点）的力：

$$F_p = \frac{1}{3} n_b + F_r \tag{3-6}$$

式中　F_p——一列导轨上所有导轨支架所传递的力（由于建筑的正常沉降或混凝土的收缩导致），单位为 N；

F_r——每个支架所有压板传递的力，单位为 N；

g_n——标准重力加速度（9.81m/s²）；

k_1——根据表 3-3 给出的冲击系数（在没有安全装置作用于导轨的情况下，$k_1 = 0$）；

M_g——一列导轨的质量，单位为 kg；

n——导轨的列数；

n_b——列导轨的支架数量；

P——空载轿厢及其支承部件［如：部分随行电缆、补偿绳或链（如果有）等］的质量，单位为 kg；

Q——额定载重量，单位为 kg；

M_{cwt}——对重的质量，单位为 kg；

N_b——列导轨的支架数量。

注：F_p 取决于导轨的固定方式、固定支架数量、导轨支架和压板的设计。小提升高度时建筑（非木质）的沉降影响小，可被支架的弹性吸收。因此，在这种情况下非滑动压板的使用是普遍的。

当提升高度不超过 40m 时，公式中的 F_p 可忽略不计。考虑建筑的收缩，根据导轨的固定方式，设计时应在导轨的上方和（或）下方留有足够的空间。

3.3.4 电梯垂直力计算

轿厢装卸载时，假设地坎上的垂直力（F_S）是作用在轿厢入口的地坎中心。垂直力的大小为：

1）对于乘客电梯，垂直力：

$$F_S = 0.4 g_n Q$$

2）对于载货电梯，垂直力：

$$F_S = 0.6g_nQ$$

3）对于使用重型装卸装置（如叉车等）且其重量不包含在额定载重量之中的载货电梯：

$$F_S = 0.85g_nQ$$

在地坎上施加该力时，应认为轿厢是空载。当轿厢有多个入口时，只需将该力施加在最不利轿厢入口地坎上。

轿厢位于平层位置时，如果轿厢上部导靴和下部导靴与导轨支架的垂直距离均不大于导轨支架间距的10%，则作用于地坎的力导致的弯曲可忽略不计。

3.3.5 不同工况导轨设计

固定在导轨上的附加设备对每列导轨产生的力和力矩 M_{aus} 应予考虑，但是限速器及其相关部件、开关或定位装置除外。

如果驱动主机或钢丝绳悬挂装置固定在导轨上，还应考虑表3-2、表3-3给出的工况。

表3-2 不同工况下的载荷和力

工 况		载荷和力							
		P	Q	M_{cwt}/M_{bwt}	F_S	F_p	M_g	M_{aus}	ML
正常使用	运行	√	√			√a	√	√	√
	装卸载	√			√	√a	√		√
安全装置动作		√	√	√		√a	√	√	

注：1. 载荷与力可能不同时作用。
2. √a 为轿厢、对重（或平衡重）导致导轨受压力或拉力的垂直力（F_v）。

表3-3 冲击系数

冲 击 工 况	冲击系数	数值
非不可脱落滚柱型瞬时式安全钳的动作		5
不可脱落滚柱型瞬时式安全钳或具有蓄能型缓冲棘爪装置或蓄能型缓冲器的动作		3
渐进式安全钳或具有耗能型缓冲棘爪装置或耗能型缓冲器的动作	k_1	2
		2
	k_2	1.2
破裂阀动作，运行固定在导轨上附加部件和其他操作工况	k_3	（……）a

注：（……）a 由制造商根据实际电梯情况确定。

3.3.6 封闭井道设计

对于建筑外部的电梯，如果具有部分封闭井道，还应考虑风载荷 ML，其值可同建筑设计师协商确定。

3.3.7 轿厢的有效面积、额定载重量、乘客人数

对于轿厢的凹进和凸出部分，不管其是否有单独门保护，在计算轿厢最大有效面积时均必须算入。

当门关闭时，轿厢入口的任何有效面积也应计入。

对表3-4中额定载重量，对应的轿厢最大有效面积允许增加不大于表列值的5%。

轿厢的有效面积指：离轿厢地板平面1000mm高度处测量的轿厢面积。乘客电梯以轿厢有效面积来限制和防止乘客人数超过电梯的额定载重量。电梯额定载重量与轿厢最大有效面积按表3-4确定。

表3-4 额定载重量与轿厢最大有效面积

额定载重量 /kg	轿厢最大有效面积/m²	额定载重量 /kg	轿厢最大有效面积/m²
100①	0.37	900	2.2
180②	0.58	975	2.35
225	0.70	1000	2.40
300	0.90	1050	2.50
375	1.10	1125	2.65
400	1.17	1200	2.80
450	1.30	1250	2.90
525	1.45	1275	2.95
600	1.60	1350	3.10
630	1.65	1425	3.25
675	1.75	1500	3.40
750	1.90	1600	3.56
800	2.00	2000	4.20
825	2.05	2500③	5.00

① 一人电梯的最小值。

② 二人电梯的最小值。

注：1. 额定载重量超过2500kg时，每增加100kg，面积增加0.16m²。

2. 对于中间的额定载重量，最大有效面积采用线性插值法确定。

3.3.8 载货电梯

对于载货电梯，要求下列条件：

1）装卸装置的质量包含在额定载重量中。

2）在下述条件下，装卸装置的质量应与额定载重量分别考虑：

① 装卸装置仅用于轿厢的装卸载，不随同载荷被运载。

② 对于曳引式和强制式电梯，轿厢、轿架、轿厢安全钳、导轨、驱动主机制动器、曳

引能力和轿厢意外移动保护装置的设计应基于额定载重量和装卸装置的总质量。

③ 对于液压电梯，轿厢、轿架、轿厢与柱塞（缸筒）的连接、轿厢安全钳、破裂阀、节流阀或单向节流阀、棘爪装置、导轨和轿厢意外移动保护装置的设计应基于额定载重量和装卸装置的总质量。

④ 如果由于装卸载时的冲击，轿厢超出了平层保持精度，则应采用机械装置限制轿厢的向下移动，并应符合下列要求：

a. 平层保持精度不超过±20mm；

b. 该机械装置在门开启前起作用；

c. 该机械装置具有足够的强度保持轿厢停止，即使驱动主机制动器未动作或液压电梯的下行阀开启；

d. 如果该机械装置不在工作位置，通过电气安全装置防止再平层运行；

e. 如果该机械装置不在完全收回位置，通过电气安全装置防止电梯正常运行。

⑤ 应在层站标明装卸装置的最大质量。

3.3.9　乘客数量的计算

乘客数量的计算方法如下：

1）按公式：额定载重量÷75 计算，计算结果向下取整到最近的整数。

2）取表 3-5 中较小的数值。

表 3-5　乘客数量

乘客人数/人	轿厢最小有效面积/m²	乘客人数/人	轿厢最小有效面积/m²
1	0.28	11	1.87
2	0.49	12	2.01
3	0.60	13	2.15
4	0.79	14	2.29
5	0.98	15	2.43
6	1.17	16	2.57
7	1.31	17	2.71
8	1.45	18	
9	1.59	19	2.99
10	1.73	20	3.13

注：乘客人数超过 20 人时，每增加一人，增加 0.115m²。

本 章 小 结

轿厢是运送乘客或货物的承载部件，也是唯一为乘客所看到的电梯部件。轿厢一般由轿架、轿顶、轿壁、轿底、操纵壁、门横梁等主要部件组成。本章主要介绍电梯轿厢结构及要求；轿厢特点与尺寸要求；轿厢内操纵箱；轿厢外操纵箱；轿厢设超载保护装置、机械式称重装置、橡胶块式称重装置、压力传感器式称重装置，防止超载。

习题与思考

3-1　轿厢由哪些部件构成？各有什么作用？

3-2　对重的作用是什么？怎样配置对重的重量？

3-3　简述门刀的作用。

3-4　门机系统由哪些部件组成？

第4章

轿门、层门和开关门机构设计

4.1 轿门结构及选型设计

电梯有层门（也叫厅门）和轿厢门（简称轿门）。层门设在层站入口处，根据需要，井道在每层楼设一个或两个出入口，不设层站出入口的层楼称为盲层。层门数与层站出入口相对应。轿厢门与轿厢随动，是主动门，装有开门机的电梯门称为自动门，此时层门是由轿厢门带动，因此层门又称被动门。

电梯门主要有滑动门和铰链门两类，目前普遍采用的是滑动门。铰链门在国外的一些老式住宅梯、小型公寓用梯及私人别墅用得较多，层门在轿厢停站后可拉（推）开，当轿厢不在层站时层门锁住，这种门几乎不占用井道空间，特别适用于无轿门电梯。

电梯的层门、轿门是井道与轿厢出入口的安全防护装置屏障。

轿门按结构形式分，有封闭式轿门和网孔式轿门两种；按开门方向分，有左开门、右开门和中开门三种。货梯也有采用向上开启的垂直滑动门，这种门可以是网状的或带孔的板状结构形式。网状孔或板孔的尺寸在水平方向不得大于10mm，垂直方向不得大于60mm。病床电梯和乘客电梯的轿门均采用封闭式轿门。

4.1.1 滑动门按其结构又可分为中分式、旁开式和直分式三种

中分式的门扇一般为两扇或四扇，分别由中间向两侧方向开启。中分式门具有出入方便、工作效率高、可靠性好的优点，因此乘客电梯多选用中分式门。

旁开式门扇在开关过程中各扇门的运动方向相同，但速度不一样。常见的有单扇、双扇和三扇旁开式门。由于双扇或三扇门在打开后是折叠在一起的，因此又称为双折门或三折门。

旁开式门按其开门方向可分为左开式门和右开式门。判断方法是，人站在层楼面向轿厢观看，门向右开的称为右开式门，反之为左开式门。

旁开式门有开门宽度大、对井道宽度要求低的优点，对于希望电梯的开门宽度能尽量大些以便装卸货物的载货电梯多选用这种门。

直分式门又称闸式门，门扇上下方向运动。由于直分式门扇上下开合，基本不占用井道的宽度，因此能使电梯具有最大的开门宽度。服务梯和大型货梯（汽车梯）常用这种形式的门。

门的开关有自动（即由开门机构带动门扇运动）、半自动（即开门时手动，关门时由弹簧或重锤带动关闭）和手动（开、关门均由人工操作）三种。

4.1.2　轿门的选择

门机系统是操作最频繁的设施，也是故障时造成电梯停机的主要原因。因此，门机系统是电梯的窗口设备，直接影响用户对电梯质量的评价。选择门机系统的基本条件是：可靠、灵活、低噪声、轻柔地启闭门。门机的机械传动，主要分为传送带直接传动和齿轮齿条传动两类；电气传动主要分为直流传动和交流传动两类。直流门机和交流门机从技术的角度讲，都是成熟的设备。传送带直接传动的交流变频调速门机起动和制动平稳，噪声小，设备布置紧凑，占用空间小，便于操作维护和检修，并能自动调节门速和转矩至合适的值，使门的开启和关闭更加轻柔、稳定、可靠和灵敏，明显优于其他门机系统。直流门机启闭亦平稳，噪声也不大，但设备复杂，占用空间大，不便于操作维护和检修。从技术的角度看，交流变频调速、传送带直接传动门机系统将会成为发展主流。

具有自动开门机器的乘客电梯：厅门、轿门一般采用中分式自动门，因为中分式自动门具有开关门速度快、出入方便、可靠性好的优点，所以能够提高电梯的使用效率。

4.1.3　载货电梯门的选择

载货电梯一般要求门口宽，便于货物车进出和装卸。因为它运行并不频繁，所以设置的门，无论是自动门还是手动门均采用旁开门结构。对于要求较低的，并且井道宽度又比较小的场合，需要大开门尺寸时，常采用中分双折式轿门，这种轿门的特点是：开门时，由中间双折向两旁开门。它适用于电梯井道宽度较小、载重量较大、需要大开门的场合。

轿门除了用钢板制作外，还可以用夹层玻璃制作，玻璃门扇的固定方式应能承受规定的作用力，且不损伤玻璃的固定件。玻璃门的固定件，应确保即使玻璃下沉时，也不会滑脱固定件。玻璃门扇上应有供应商名称或商标、玻璃的形式和厚度的永久性标志，对动力驱动的自动水平滑动玻璃门，为了避免拖拽孩子的手，应减少手与玻璃之间的摩擦系数，采取使玻璃不透明部分高达 1.1m 或感知手指的出现等有效措施，使危险降低到最小程度。

封闭式轿门的结构形式与轿壁相似。由于轿厢门常处于频繁的开、关过程中，所以在乘客电梯和病床电梯轿门的背面常做消声处理，以减少开、关门过程中由于振动所引起的噪声。大多数电梯的轿门背面除做消声处理外，还装有"防撞击人"的装置，这种装置在关门过程中，能防止动力驱动的自动门门扇撞击乘用人员。常用的防撞击人装置有安全触板式、光电式、红外线光幕式等多种形式。

1）安全触板式：安全触板是在自动轿厢门的边沿上，装有活动的、在轿门关闭的运行方向上超前伸出一定距离的安全触板，当超前伸出轿门的触板与乘客或障碍物接触时，通过与安全触板相连的连杆机构使装在轿门上的微动开关动作，立即切断电梯的关门电路并接通开门电路，使轿门立即开启。安全触板碰撞力应不大于 5N。

2）光电式：在轿门水平位置的一侧装设发光头，另一侧装设接收头，当光线被人或物遮挡时，接收头一侧的光电管产生信号电流，经放大后推动继电器工作，切断关门电路同时接通开门电路。一般在距轿厢地坎高 0.5m 和 1.5m 处，两水平位置分别装两对光电装置，光电装置常因尘埃的附着或位置的偏移错位，造成门关不上，为此它经常与安全触板组合使用。

3）红外线光幕式：在轿门门口处两侧对应安装红外线发射装置和接收装置。发射装置在整个轿门水平发射 40~90 道或更多道红外线，在轿门口处形成一个光幕门。当人或物将光线遮住时，门便自动打开。该装置灵敏、可靠、无噪声、控制范围大，是较理想的防撞人装置。但它也会受强光干扰或尘埃附着的影响产生不灵敏或误动作，因此也经常与安全触板组合使用。

封闭式轿门与轿厢及轿厢踏板的连接方式是轿门上方设置有吊门滚轮，通过吊门滚轮挂在轿门导轨上，门下方装设有门滑块，门滑块的一端插入轿门踏板的小槽内，使门在开、关过程中只能在预定的垂直面上运行。

电梯的层门和轿门均应是封闭无孔的。手柄开关操纵的电梯为了控制减速停层，轿门扇上需开设透明的窥视窗和窥视孔。

4.2　层门结构及选型设计

层门也叫厅门。层门和轿门一样，都是为了确保安全，而在各层楼的停靠站，通向井道轿厢的入口处，设置供司机、乘用人员和货物等出入的门。

层门应为无孔封闭门。层门主要由门框、厅门扇、吊门滚轮等机件组成。门框由门导轨（也称门上坎）、左右立柱或门套、门踏板等机件组成。中开封闭式层门如图 4-1 所示。左（或右）开封闭式的结构和传动原理与中开封闭式层门相仿。电梯层门和轿厢门的结构基本相同，由门导轨架、门扇、门挂轮、门地坎、门靴、门锁等部件组成。层门和轿门都由门滑轮悬挂在门的导轨上，下部通过门滑块与地坎相配合。

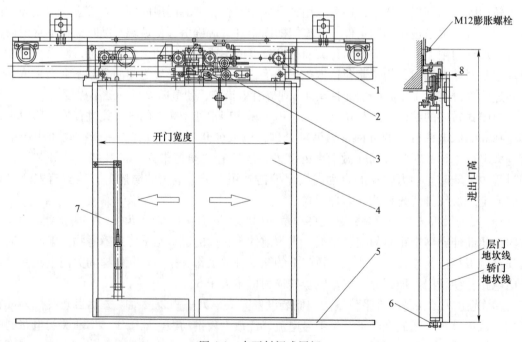

图 4-1　中开封闭式层门

1—调节导轨　2—调门滑轮　3—门锁　4—门扇　5—地坎　6—门滑块　7—强迫关门装置

层门关闭后，门扇之间及门扇与门框之间的间隙应尽可能小。客梯的间隙应小于 6mm，货梯的间隙应小于 8mm。磨损后最大间隙也应不大于 10mm。由于层门是分隔和连通候梯大厅和井道的设施，所以在层门附近，每层的自然或人工照明应足够亮，以便乘用人员在打开层门进入轿厢时，即使轿厢照明发生故障，也能看清楚前面的区域。如果层门是手动开启的，使用人员在开门前，应能通过面积不小于 $0.01m^2$ 的透明视窗或一个"轿厢在此"的发光信号知道轿厢是否在那里。

层门门扇一般用厚度为 1.5mm 的薄钢板折边而成，中间辅以加强筋，使其有足够的机械强度。为了加强门扇的隔音效果和减少门的振动，在门扇的背面需涂设一层阻尼材料（如隔音泥等）。

4.3　门锁结构及选型设计

电梯层门的开和关是通过安装在轿门上的门锁系合装置带动来实现的（见图 4-2）。电梯的每个层门都应装设层门锁闭装置（钩子锁）、证实层门闭合的电气装置、被动门关门位置证实电气开关（副门锁开关）、紧急开锁装置和层门自动关闭装置等安全防护装置。确保电梯正常运行时，应不能打开层门（或多扇门的一扇）。如果一层门或多扇门中的任何一扇门开着，在正常情况下，应不能起动电梯或保持电梯继续运行。这些措施都是为了防止坠落和剪切事故的发生。

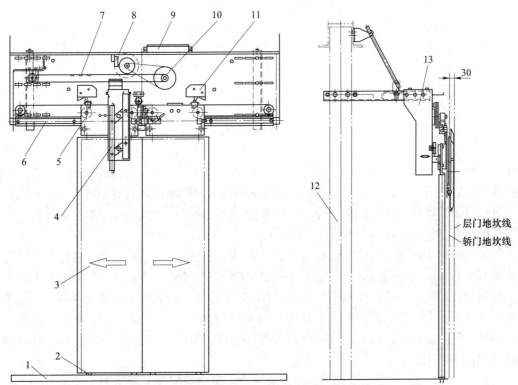

图 4-2　交流调频调速驱动及同步齿形带传动开关门机构外形结构示意图

1—轿门地坎　2—轿门滑块　3—轿门扇　4—门刀　5—轿门调门轮　6—吊门导轨　7—齿形同步带
8—光电测速装置　9—变频门机控制箱　10—门电动机　11—门位置开关　12—轿厢侧梁　13—开门机机架

门锁装置一般位于层门内侧，是确保层门不被随便打开的重要安全保护设施。层门关闭后，将层门锁紧，同时接通门联锁电路，此时电梯方能起动运行。当电梯运行过程中所有层门都被门锁锁住，一般人员无法将层门撬开。只有电梯进入开锁区并停站时层门才能被安装在轿门上的刀片带动而开启。在紧急情况下或需进入井道检修时，只有经过专门训练的专业人员才能用特制的钥匙从层门外打开层门。

门锁装置分为手动开、关门的拉杆门锁和自动开、关门的钩子锁（也称自动门锁）两种。自动门锁只装在层门上，又称层门门锁。钩子锁的结构形式较多，层门门锁不能出现重力开锁，也就是当保持门锁锁紧的弹簧（或永久磁铁）失效时，其重力也不应导致开锁。常见双门刀式自动门锁的外形结构如图4-3所示，是一种压板式自动门锁。当电梯平层时，压板机构的动、定压板将门锁的两个滚轮抱住。当轿门移动时，使锁钩脱钩，从而实现厅门轿门联锁运动。关门时靠动压板上扭转弹簧的作用使锁钩锁合。锁钩的锁合

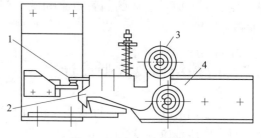

图4-3 双门刀式自动门锁
1—门电联锁触点 2—锁钩 3—锁轮 4—锁底板

和解脱是靠一套机械结构来实现的，因而有时也称其为位置型门锁。目前这种锁因在解脱和锁合过程中没有撞击力，比较平稳，因此得到普遍使用。

图4-4所示为单门刀式自动门锁。单门刀式自动门锁又称撞击式钩子锁。门联锁触点的左上部装在厅门上，右半部分装在厅门的门框上。当电梯平层时，门刀插入门锁两滚轮之间。当门刀向右移动时，促使右边的橡胶锁轮绕销轴转动，使锁钩脱开。在开锁过程中，左边的橡胶锁轮快速接触刀片，当两橡胶锁轮将刀片夹持之后，右边的橡胶锁轮停止绕销轴转动，层门开始随刀片一起向右移动，直到门开到位。在门锁开闭时，其撑牙依靠自重将锁钩撑住，这样保证了电梯的关门。刀片推动右边的橡胶锁轮时，左边的橡胶锁轮和锁钩不发生转动，并使层门随刀片朝关门方向运动。当门接近关闭时，撑牙在限位螺钉作用下与锁钩脱离接触，使层门上锁。门刀用钢板冲剪而成，因形状像刀，故称为门刀，如图4-5所示。门刀用螺栓紧固在轿门上，保证在每一层站均能准确插入门锁的两个滚轮之间。

自动门锁装置是一个机电联锁机构，只有当轿门、厅门完全关闭时才能接通电路，电梯方可运行，是电梯安全环节中不可缺少的一环。

如果滑动门是由数个间接机械连接（如钢丝绳、传送带或链条）的门扇组成，且门锁只锁紧其中的一扇门，用这扇单一锁紧门来防止其他门扇的打开，而且这些门扇均未装设手柄或金属钩装置时，未被直接锁住的其他门扇的闭合位置也应装一个电气安全触点开关来证实其闭合状态。这个无门锁门扇上的装置称为副门锁开关。当门扇传动机构出现故障（如传动钢丝绳脱落等），造成门扇关不到位，副门锁开关不闭合，电梯也不能起动和运行时，起到安全保护作用。

轿门门刀（见图4-6）与层门门锁（见图4-7）滚轮的配合：轿厢平层停站后，安装在轿门上的门刀将装于层门上的门锁滚轮夹在中间，并与此两滚轮保持一定间隙。当收到电控柜的开门信号时，门电动机驱动门机，当门刀夹住门锁滚轮移动距离超过开锁行程时，锁壁与锁钩脱离啮合，此时开锁完成，并由轿门门刀带动层门门锁滚轮继续走完整个开门过程。

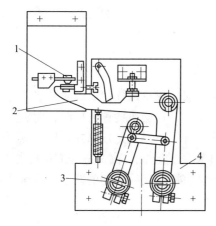

图 4-4　单门刀式自动门锁

1—门联锁触点　2—锁钩　3—锁轮　4—锁底板

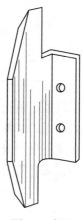

图 4-5　门刀

图 4-6　轿门门刀

图 4-7　层门门锁

4.4　紧急开锁装置和层门自闭装置设计

4.4.1　紧急开锁装置

　　紧急开锁装置是供经过培训许可的专职人员在紧急情况下，需要进入电梯井道进行急救抢修或进行日常检修维护保养工作时，从层门外用开锁三角孔相配的三角钥匙开启层门的机件。这种机件每层层门都应该设置，并且均应能用相应的三角钥匙有效打开，而且在紧急开锁之后，锁闭装置当层门闭合时，不应保持开锁位置。这种三角钥匙只能由一个负责人持有，钥匙应带有书面说明，详细讲述使用方法，以防止开锁后因未能有效重新锁上而可能引起事故。实践证明，三角钥匙由专人负责并掌握正确的使用方法、了解使用安全知识是非常重要的。因不了解三角钥匙的安全使用方法、操作不当而坠入井道的人身伤害事故时有发生。所以，提高有关人员的安全知识，制定相应的管理制度，严格管理好三角钥匙等是非常重要的。

我国目前制造的电梯和在用电梯（包括进口电梯）的层门紧急开锁装置，其钥匙的形状和尺寸尚未统一的问题有待解决。

4.4.2 层门自闭装置

在轿门驱动层门的情况下，当轿厢离开开锁区时，层门无论因任何原因而开启，层门上应有一套机构使层门能迅速自动关闭，防止坠落事故发生。这套机构称为层门自闭装置。

层门自闭装置常用的有重锤式、拉簧式和压簧式三种。重锤式是依靠挂在层门侧面的重锤，在层门开启状态下靠自身的重量，将层门关闭并锁紧的装置。拉簧式是靠层门打开时，弹簧被强行拉伸，在无开门刀或其他阻止刀的情况下，将层门迅速关闭的装置。压簧式与拉簧式的原理相似。

4.5 开、关门机构及选型设计

轿门必须装有轿门闭合验证装置，该装置因电梯的种类、型号不同而异，有的用顺序控制器控制门电动机运行和验证轿门闭合位置，有的用凸轮控制器上的限位开关，还有的用装在轿门架上的机械装置和装在主动门上的行程开关来检验轿门的闭合位置。只有轿门关闭到位后，电梯才能正常起动运行。在电梯正常运行中，轿门离开闭合位置时，电梯应立即停止。有些乘客电梯轿厢在开门区内允许轿门开着走平层，但是速度必须小于0.3m/s。

电梯轿门、厅门的开启和关闭，通常有手动和自动两种开关方式。

4.5.1 手动开、关门机构

电梯产品中采用手动开、关门的情况已经很少，但在个别载货电梯中还有采用手动开、关门的。采用手动开、关门的电梯，是依靠分别装设在轿门和轿顶、层门和层门框上的拉杆门锁装置来实现的。

拉杆门锁装置由装在轿顶（门框）或层门框上的锁和装在轿门或层门上的拉杆两部分构成。门关妥时，拉杆的顶端插入锁的孔里，由于拉杆压簧的作用，在正常情况下拉杆不会自动脱开锁，而且轿门外和层门外的人员用手也扒不开层门和轿门。开门时，司机手拉动拉杆，拉杆压缩弹簧使拉杆的顶端脱离锁孔，再用手将门往开门方向推，便能实现手动开门，如果图4-8所示。

由于轿门和层门之间没有机械方面的联动关系，所以开门或关门时，司机必须先开轿门后再开层门，或者先关层门后再关轿门。

采用手动门的电梯，必须是由专职司机控制的电梯。开、关门时，司机必须用手依次关闭或打开轿门和层门。所以司机的劳动强度很大，而且电梯的开门尺寸越大，劳动强度就越大。随着科学技术的发展，采用手动开、关门的电梯将越来越少，

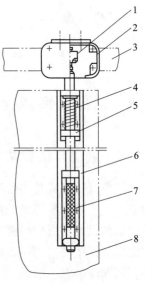

图4-8 拉杆门锁装置

1—电联锁开关 2—锁壳
3—吊门导轨 4—复位弹簧
5、6—拉杆固定架 7—拉杆
8—门扇

逐步被自动开、关门电梯所代替。

4.5.2 自动开关门机构

电梯开关门系统的好坏直接影响电梯的运行可靠性。开关门系统是电梯故障的高发区，提高开关门系统的质量是电梯从业人员的重要目标之一。通过广大从业人员的努力，电梯开关门系统的质量已有明显提高。近年来常见的自动开关门机构有"直流调压调速驱动及连杆传动""交流调频调速驱动及同步齿形带传动"和"永磁同步电动机驱动及同步齿形带传动"三种。

1. 直流调压调速驱动及连杆传动开关门机构

在我国，这种开关门机构自20世纪60年代末至今仍广泛采用，按开门方式又分为中分和双折式两种。常见的中分连杆传动自动开关门机构如图4-9所示。由于直流电动机具有调压调速性能好、换向简单方便等特点，一般通过带轮减速及连杆机构传动实现自动开关门。

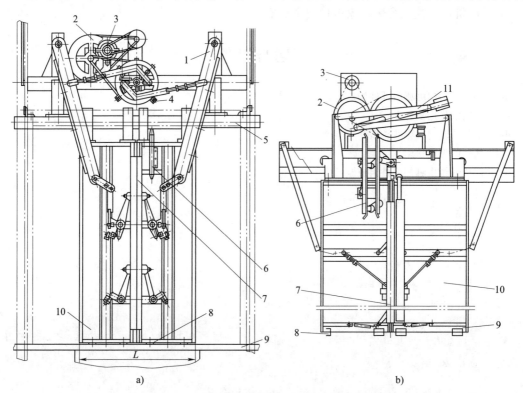

a)　　　　　　　　　　　　　　b)

图 4-9　直流调压调速驱动及连杆传动开关门机构

a）拨杆式中分开关门机构　b）杠杆式中分开关门机构

1—拨杆　2—减速带轮　3—开关门电动机　4—开关门调速开关　5—吊门导轨
6—门刀　7—安全触板　8—门滑块　9—轿门踏板　10—轿门　11—杠杆

2. 交流调频调速驱动及同步齿形带传动开关门机构

这种开关门机构利用交流调频调压调速技术对交流电动机进行调速，利用同步齿形带进行直接传动，省去复杂笨重的连杆机构、降低开关门机构功率、提高开关门机构传动精确度和运行可靠性等，是一种比较先进的开关门机构。

3. 永磁同步电动机驱动及同步齿形带传动开关门机构

这种开关门机构使用永磁同步电动机直接驱动开关门机构，同时使用同步齿形带直接传动，不但保留变频同步开关门机构的低功率、高效率的特点，而且大大减小了开关门机构的体积，特别适用于无机房电梯的小型化要求。

本 章 小 结

电梯门系统可以分为两部分，装在井道入口层站处的为层门，装在轿厢入口处的为轿门。层门和轿门按照结构形式可分为中分式门、旁开式门、垂直滑动门、铰链门等。中分式门主要用在乘客电梯上。旁开式门在载货电梯和病床电梯上用得较普遍。垂直滑动门主要用于杂物电梯和大型汽车电梯上。铰链门在国内较少采用，在国外住宅梯中采用较多。电梯门的形式有水平滑动和垂直滑动等。本章主要介绍电梯门系统的作用与要求、门的形式与结构、开关门机构，注意参照国家电梯安全标准。

习题与思考

4-1　层门、轿门由哪些部件构成？各有什么作用？

4-2　轿门的作用是什么？

4-3　层门、轿门有哪些类型？

4-4　简述门刀的作用。

4-5　门机系统由哪些部件组成？

第5章

导向机构及设计

电梯的导向机构，包括轿厢引导系统和对重引导系统两种。这两种系统均由导轨、导轨架和导靴三种机件组成。由于电梯类别、运行速度、载重量等的变化，组成两个系统三种机件的结构和参数尺寸也会发生相应的变化。

导轨架作为导轨的支承件被固定在井道壁上，导轨用导轨压板固定在导轨架上，导靴安装在轿厢架和对重架上下方的两侧，其靴衬（或滚轮）与导轨工作面配合，使轿厢和对重在曳引绳的带动下沿导轨上下运行，如图 5-1 所示。

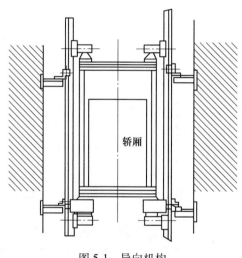

图 5-1　导向机构

5.1　导轨结构及设计

5.1.1　导轨

每台电梯均具有用于轿厢和对重装置的两组至少 4 列导轨。导轨是确保电梯的轿厢和对重装置在预定位置做上下垂直运行的重要机件。导轨加工生产和安装质量的好坏，直接影响着电梯的运行效果和乘坐舒适感。其主要作用如下：

1）导轨是轿厢和对重在垂直方向运动时的导向，限制轿厢和对重在水平方向活动的自由度。

2）安全钳起作用时，导轨作为被夹持的支承件，支承轿厢或对重。

3）防止由于轿厢的偏载而产生的倾斜。

导轨按截面形状分为实心 T 形轨和空腹 T 形轨，其中实心 T 形轨又称 T 形导轨，如图 5-2a 所示；空腹 T 形轨又称空心导轨，如图 5-2b 所示。

由于导轨是电梯引导系统的重要机件。20 世纪 80 年代中期后，随着我国电梯工业的发展，导轨用量日益增多，导轨的品种规格也发展较快。其中 T 形导轨已由原有的两种发展到十几种，而且用空心导轨取代角钢导轨，空心导轨也有几种规格可供选用。为了规范导轨的制造加工行

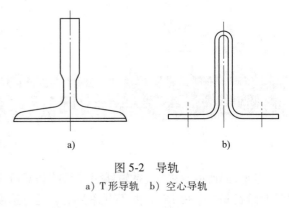

图 5-2　导轨
a) T 形导轨　b) 空心导轨

为，确保导轨质量，国家标准 GB/T 22562—2008 对导轨的几何形状、主要参数尺寸、加工方法、形位公差、检验规则等都做了明确规定。

导轨在井道底坑的稳固方式和导轨接头的连接方式如图 5-3 所示。

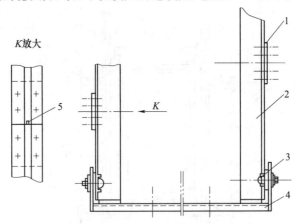

图 5-3　导轨的稳固方式和接头连接
1—连接板　2—导轨　3—压导板　4—底坑槽钢　5—接槽

5.1.2　导轨的选用

导轨常采用机械切削加工或冷轧加工方式制作，其抗拉强度应在 370～520MPa。导轨工作面的表面粗糙度对额定速度大于 2m/s 的电梯的运行平稳性有很大影响。导轨两侧工作面和顶工作面的表面粗糙度要求为 $3.2\mu m < Ra < 6.3\mu m$，工作面加工的纹向直接影响其工作面的表面粗糙度，所以在加工导轨工作面时，通常是沿着导轨的纵向进行刨削加工，而不采用铣削加工，且刨削后还要磨削加工。对于采用冷轧加工的导轨，其工作面的表面粗糙度略低于刨削加工，一般只用作杂物电梯或不带安全钳的副轨。在 GB/T 22562—2008 标准中，对导轨几何形状误差都做了规定，该误差主要指出导轨工作面的直线度和扭曲情况，因为这两项指标直接影响电梯正常运行。

导轨在起导向作用的同时，还要承受轿厢的偏重力、电梯制动时的冲击力、安全钳紧急制动时的冲击力等。这些力的大小与电梯的载重量和速度有关，因此必须根据电梯的载重量

和速度来选用导轨。

空腹 T 形轨用薄钢板滚轧而成，具有一定的强度，但不能用作与安全钳配置的导轨。

实心 T 形轨主要规格参数是：底宽 b_1、高度 h 和工作面厚度 k。标准 T 形导轨主要规格参数见表 5-1。

表 5-1　标准 T 形导轨主要规格参数　　　（单位：mm）

型　　号	b_1	h	k	L
T45/A	45	45	5	3000
T50/A	50	50	5	3000
T70-1/A	70	65	9	3000
T70-2/A	70	70	8	3000～4000
T75-1/A(B)	75	55	9	3000～4000
T75-2/A(B)	75	62	10	3000～4000
T82/A(B)	82.5	68.25	9	3000～5000
T90/A(B)	90	75	16	3000～5000
T125/A(B)	125	82	16	3000～5000
T127-1/B	127	88.9	16	3000～5000

注：A 表示冷轧加工方式；B 表示机械加工方式；L 表示每根导轨的长度。

5.2　导轨架结构及选型设计

导轨架按电梯安装平面布置图的要求，固定在电梯井道内的墙壁上，并承受来自导轨的各种作用力，是固定导轨的机件。每根导轨上至少应设置两个导轨架支承，各导轨架之间的间隔距离应不大于 2.5m。

导轨架在井道墙壁上的固定方式有埋入式、焊接式、预埋螺栓固定式、涨管螺栓固定式、对穿螺栓固定式五种。

固定导轨用的导轨架应用金属制作，不但应有足够的强度，而且可以针对电梯井道建筑误差进行弥补性的调整。较常见的轿厢导轨用可调支架，如图 5-4 所示。常见的对重导轨支架如图 5-5 所示。导轨架按其结构分为整体式和组合式两种。整体式通常用扁钢制成；组合式以角形钢制成；用螺栓互相连接，其优点是安装时便于调整。

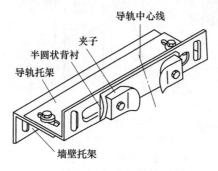

图 5-4　轿厢导轨支架结构示意图

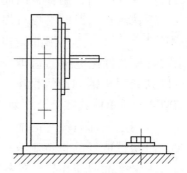

图 5-5　对重导轨支架结构示意图

导轨和导轨架与电梯井道建筑之间的固定，应具有自动的或调节简便的功能，以利于解决由于建筑物正常沉降、混凝土收缩造成的建筑偏差等问题。一般采用压导板把导轨固定在导轨支架上，如图5-6所示。两压导板与导轨之间为点接触，使导轨能够在混凝土收缩或建筑沉降时比较容易地在压导板之间滑动。

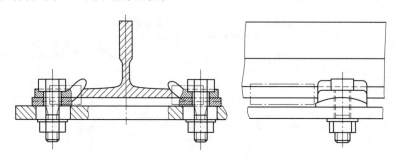

图5-6　导轨与导轨支架连接示意图

导轨及其附件应能保证轿厢与对重（平衡重）间的导向，并将导轨的变形限制在一定的范围内。不应出现由于导轨变形过大导致门的意外开锁、安全装置动作及移动部件与其他部件碰撞等安全隐患，确保电梯安全运行。

5.3　导靴结构及选型设计

5.3.1　导靴

导靴安装在轿架和对重架上，是确保轿厢和对重沿着导轨上下运行的装置，每列导轨对应配置两个导靴，因此每个轿厢或对重最少配置四个导靴，也是保持轿门地坎、层门地坎、井道壁及操作系统各部件之间的恒定位置关系的装置。电梯产品中常用的导靴有滑动导靴和滚轮导靴两种。

1. 滑动导靴

滑动导靴有刚性滑动导靴和弹性滑动导靴两种。这种导靴应注意解决好润滑问题。

刚性滑动导靴主要由靴座和靴衬组成，如图5-7所示。靴座由具有足够强度和刚度的铸铁或焊接结构制作，因此靴座常用灰口铸铁制造，但由于板材焊接结构制造简单，所以也是常用的结构形式。在杂物电梯及低速电梯的对重导靴中，还可以见到用角钢制造的靴座。靴衬按其结构可分成单体式和复合式两种。单体式靴衬常用尼龙加石墨等耐磨、摩擦系数低、滑动性能好的材料制成；复合式靴衬常用聚氨酯覆盖在导靴的衬体上，具有较好的吸振性和耐磨性。

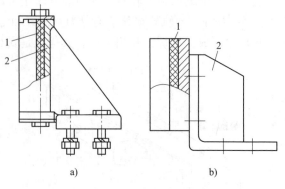

图5-7　固定滑动导靴
a）铸铁座　b）焊接座
1—靴衬　2—靴座

弹性滑动导靴由靴座、靴头、靴衬、靴轴、压缩弹簧（或橡胶弹簧）、调节套或调节螺母组成，如图 5-8 所示。

弹簧式弹性滑动导靴的靴头只能在弹簧的压缩方向上做轴向浮动，因此又称单向弹性滑动导靴；橡胶弹簧式滑动导靴的靴头除了能做轴向浮动外，在径向上也能做适量的弹性补偿，因此具有一定的方向性。

2. 滚轮导靴

滚轮导靴主要由两个侧面导轮和一个端面导轮构成，三个滚轮从三个方面卡住导轨，使轿厢沿着导轨上下运行。当轿厢运行时，三个滚轮同时滚动，保持轿厢在平衡状态下运行。为了延长滚轮的使用寿命，减少滚轮与导轨工作面之间在做滚动摩擦运行时所产生的噪声，滚轮外缘一般由橡胶、聚氨酯材料制作，使用中不需要润滑。以滚动摩擦代替滑动摩擦大大降低了摩擦力，减小了运行阻力，节约了能量，同时弹性支承机构使导靴在纵、横方向都具有吸收冲击力、

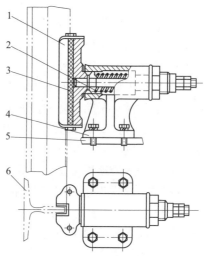

图 5-8 弹性滑动导靴
1—靴头 2—压缩弹簧 3—尼龙靴头
4—靴座 5—轿架或对重架 6—导轨

减小振动的功能，大大改善了电梯的乘坐舒适感，并在纵、横方向上自动补偿导轨的各种几何形状误差及安装偏差。对于重载高速电梯，为了提高导靴的承载能力，有时也采用六个滚轮的滚动导靴，如图 5-9 所示。

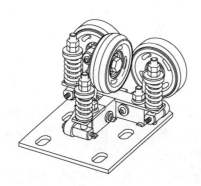

图 5-9 滚动导靴

5.3.2 导靴选型设计

1）刚性滑动导靴和弹性滑动导靴的靴衬无论是铁的还是尼龙的，在电梯运行过程中，靴衬与导轨之间总有摩擦力存在。这个摩擦力不但增加曳引机的负荷，而且是轿厢运行时引起振动和噪声的原因之一。刚性滑动导靴的结构比较简单，由于固定滑动导靴的靴头是刚性的，靴衬与导轨对应的工作面存在一定的间隙以便做活动配合，随着运行时间的增长，间隙会越来越大，因此轿厢运行时就会有一定的晃动，甚至会产生冲击，因此固定式滑动导靴一般仅用于额定载重量 3000kg 以上，运行速度 $v<0.63\text{m/s}$ 的电梯上。近年来则多用 4~8mm

厚的中钢板冲压成型，并在滑动工作面包有消声耐磨的塑料导靴所取代。

2）为减少导轨与导靴之间的摩擦力，节省能量，提高乘坐舒适感，在运行速度 $v>$ 2.5m/s 的高速电梯中，常采用滚轮导靴取代弹性滑动导靴。

弹性滑动导靴与固定滑动导靴的不同之处就在于靴头是浮动的，在弹簧力的作用下，靴衬的底部始终压贴在导轨的工作面上，因此能使轿厢运行时在水平方向保持较稳定状态，同时具有一定的吸收振动与防冲击的作用。

额定载重量在 2000kg 以下，1.0m/s<v<2.0m/s 的轿厢和对重导靴，多采用性能比较好的弹性滑动导靴。

橡胶弹簧式滑动导靴，由于靴头具有一定的方向性，因此对导轨两侧工作面方向上的力 F_Y 具有一定的减缓作用，同时靴衬与导轨两侧工作面间的间隙 δ 可取较小值（单侧间隙值可取 0.25），从而使其具有更好的工作性能，常用于快速电梯。

弹性滑动导靴的弹簧初始压力主要以轿厢所受的偏载力、额定载重量及轿厢尺寸等因素来确定。初始压力过小，会失去对偏载力的弹性支承能力，同时不利于电梯运行的平稳性；初始压力过大，会增加轿厢运行中的摩擦力，削弱减振能力。所以须根据设计要求来确定弹性导靴弹簧的初始压力。

滑动导靴均需在其摩擦面上进行润滑。一般是在上位的导靴上方安装随动润滑装置，这样可保证电梯在运行中，导轨的工作面上有均匀的油膜。对于低速电梯，如果没有安装随动润滑装置，可采用定期润滑的方法，在每次保养时给导轨工作面加涂润滑剂，如黄油。

3）滚动导靴主要用在高速电梯中，也可以应用于快速电梯。

由于弹性支承机构使滚轮始终紧贴导轨工作面，不存在滑动导靴靴衬与导轨面的间隙，轿厢运行更平稳。为保证滚轮做纯滚动，滚轮与导轨面之间不允许加油。为了提高与导轨的摩擦力，有些设计会在滚轮外缘上制出花纹。滚动导靴在干燥不加油润滑的导轨上工作，因此不存在油污染，减少了火灾的危险，对环境更加友好。

滚轮的直径直接影响到电梯的运行噪声和摩擦阻力，宜采用尽量大的滚轮直径。一般情况下，当额定速度为 5m/s 时，轿厢的导靴滚轮直径至少为 250mm，对重导靴滚轮直径至少为 150mm；当额定速度为 2.5m/s 时，轿厢和对重的导靴滚轮直径至少分别为 150mm 和 75mm。为使滚轮转动灵活，滚轮对导轨工作面不应歪斜，在整个轮缘宽度上与导轨工作面应均匀接触。大导轨不能用小导靴，否则会有滚轮脱落出轨的危险。

滚轮外缘有剥落时，轿厢在运行中的水平振动会明显增大，因为滚轮外缘的剥落点就成为运动中的干扰力，因此滚轮外缘一旦有剥落现象应及时更换。

本 章 小 结

电梯导轨是由钢轨和连接板构成的电梯构件，它分为轿厢导轨和对重导轨。电梯导轨为轿厢和对重在垂直方向运动时导向，限制轿厢和对重在水平方向上的移动。安全钳动作时，导轨作为被夹持的支承件，防止轿厢偏载而产生的倾斜。它从截面形状分为 T 形、L 形和空心三种形式。导轨在起导向作用的同时，承受轿厢、电梯制动时的冲击力、安全钳紧急制动时的冲击力等。这些力的大小与电梯的载重量和速度有关，因此应根据电梯速度和载重量选配导轨。通常称轿厢导轨为主轨，对重导轨为副轨。导靴是电梯导轨与轿厢之间可以滑动的尼龙块，它可以将轿厢固定在导轨上，让轿厢只可以上下移动，导靴上部还有油杯，减少靴衬与导轨的摩擦力。本章主要介绍导轨、导轨架、导靴、重量平衡系统分析、对重、补偿装置；注意参照国家电梯安全标准。

<h2 style="text-align:center">习题与思考</h2>

5-1　导靴由哪些部件构成？各有什么作用？

5-2　简述滑动导靴与滚动导靴的区别，如何应用？

5-3　如何进行导轨选择？

5-4　简述 T 形导轨与空心导轨的区别。

第 2 篇

电梯控制系统篇

第 6 章

电梯电气部件简介

6.1　机房电气部件

机房电气部件通常由电梯曳引机组、控制柜、限速器、夹绳器（如果有）和供电电源主开关等组成。

6.1.1　曳引机

曳引机的功能是将电能转换成机械能直接或间接带动曳引轮转动，从而使电梯轿厢完成向上或向下的运动。

6.1.2　曳引电动机

通常曳引机组多数采用交流异步电动机，近年来永磁同步电动机无齿轮曳引机组因节能、环保等特点被广泛采用，但要求电动机的转速较慢。曳引电动机的特殊要求如下：

1）具有大的起动转矩，使之满足轿厢与运行方向所确定的特定状态时的起动力矩要求。

2）较小的起动电流，以保护电动机不发热烧毁。

3）应有较硬的机械特性，以免随着负载变化时，电梯的速度不稳定。

4）要求噪声低、脉动转矩小，供电电压在±7%范围内波动应具有相对的稳定性。

常用的曳引电动机类型有：

1）曳引直流电动机（已基本淘汰）的工作原理是：交流电动机→直流发电机→直流电动机。也可采用由晶闸管直接控制的电动机。图 6-1 所示为直流电动机工作原理。

2）交流异步电动机。图 6-2 是一台笼型三相异步电动机。它主要是由定子部分（静止的）和转子部分（转动的）两大部分组成，在定子与转子之间有一定的气隙。另外还有端盖、轴承、机座、风扇等部件，下面分别简要介绍。

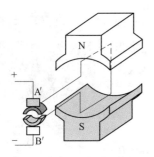

图 6-1　直流电动机工作原理

图 6-2　笼型三相异步电动机

6.1.3　速度检测装置

速度检测装置是用来检测轿厢运行速度，并将其转变成电信号的装置。

常用的速度检测装置有两种类型，反馈信号为模拟信号的一般为测速发电机，反馈信号为数字信号的一般为光电编码器。目前采用光电编码器作为速度检测装置的居多。

1. 增量式编码器

增量式编码器是将位移转换成周期性的电信号，再把这个电信号转变成计数脉冲，用脉冲的个数表示位移的大小。

增量式光电码盘结构示意图如图 6-3 所示。光电码盘与转轴连在一起。码盘可用玻璃材料制成，表面镀上一层不透光的金属铬，然后在边缘制成向心的透光狭缝。透光狭缝在码盘圆周上等分，数量从几百条到几千条不等。这样，整个码盘圆周上就被等分成 n 个透光的槽。增量式光电码盘也可用不锈钢薄板制成，然后在圆周边缘切割出均匀分布的透光槽。

2. 绝对式编码器

绝对式编码器的每一个位置对应一个确定的数字码，因此它的示值只与测量的起始和终止位置有关，而与测量的中间过程无关。

旋转增量式编码器以转动时输出脉冲，通过计数设备来知道其位置，当编码器不动或停电时，依靠计数设备的内部记忆记住位置。这样，当停电后，编码器不能有任何的移动，当来电工作时，编码器输出脉冲过程中，也不能有干扰而丢失脉冲，不然，计数设备记忆的零点就会偏移，而且这种偏移的量是无从知道的，只有错误的生产结果出现后才能知道。

绝对式旋转光电编码器，因其每一个位置绝对唯一、抗干扰、无需掉电记忆，已经越来越广泛地应用于各种工业系统中的角度、长度测量和定位控制。

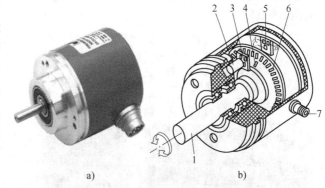

图 6-3　增量式光电码盘结构示意图
a) 外形　b) 内部结构
1—转轴　2—发光二极管　3—光栏板　4—零标志位光槽
5—光电器件　6—码盘　7—电源及信号线连接座

绝对式编码器因其高精度，输出位数较多，如果仍用并行输出，其每一位输出信号必须确保连接很好，对于较复杂工况还要进行隔离，连接电缆芯数多，由此带来诸多不便，且降低了可靠性，因此，多位数输出型一般均选用串行输出或总线型输出，如图 6-4 所示。

图 6-4　绝对式旋转
光电编码器

6.1.4　电梯控制柜

控制柜是各种电子电气元器件安装在一个有防护作用的柜形结构内的电控设备。电梯控制柜（见图 6-5）是整个电梯的控制中心，它担负着电梯运行过程中各类信号的处理、起动与制动、调速等过程的控制及安全检测几大职能。控制柜通常由逻辑信号处理、驱动调速和安全检测三大主要部分组成。

它是由可编程序控制器（或微机板）、变频器（如果有）、接触器、继电器、变压器、整流器（如果有）、熔断器、开关、检修按钮等元器件组成，用导线相互连接，以完成控制曳引电动机去拖动电梯轿厢起动、运行和制动。控制柜一般安装在机房内。

电梯控制柜中主要有以下电气元器件。

1. 断路器

断路器（见图 6-6）又叫低压断路器，相当于刀开关、熔断器、热继电器、过电流继电器和欠电压继电器的组合，是一种既有手动开关作用又能自动进行欠电压、失电压、过载和短路保护的电器。

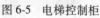
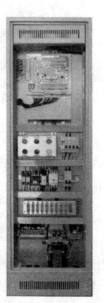

图 6-5　电梯控制柜　　　　　　　　　　图 6-6　断路器

断路器主要由触点系统、操作机构和保护元件三部分组成。其主要参数是额定电压、额定电流和允许切断的极限电流。选择断路器时，其允许切断极限电流应略大于线路最大短路电流。

2. 相序继电器

这里采用 FD-BJ 型相序继电器（见图 6-7），是一种起到断相和错相保护的继电器。当 50Hz 的 380V 三相交流电断相、错相时，继电器激发出信号，从而保证电梯的使用安全。

三相输入电压中任一相或两相断路时，FD-BJ 内装小型继电器释放。一相断路时，红色信号灯亮。两相断路时，红色信号灯不亮。

三相输入电源中，任意调换两相输入线，FD-BJ 内装小型继电器状态相反，红色指示灯亮。

正常工作时 FD-BJ 型继电器内小型继电器吸合，常闭触点串联在电梯安全回路中。当有不正常信号时，就及时断开安全回路，电梯立即急停。

3. 电梯控制器

随着自动控制理论与微电子技术的发展，电梯的拖动方式与控制手段均发生了很大的变化。早期安装的电梯多为继电器控制方式，其最大缺点是故障率较高、可靠性差。安全性是电梯运行的首要问题，因而这类控制系统的更新换代和技术改造势在必行、迫在眉睫。PLC（可编程序控制器）作为新一代工业控制器，以其高可靠性和技术先进性，在电梯控制中得到了日益广泛的应用，是电梯由传统的继电器控制方式发展为计算机控制的一个重要方向，如图 6-8 所示。

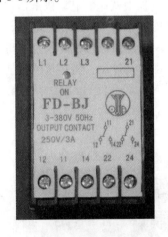

图 6-7　相序继电器

图 6-8　可编程序控制器

专业电梯控制系统厂商推出的微机控制器（见图 6-9）智能化更高、功能更强、调试与维护更方便。

电梯微机控制器的主板、操纵盘板、呼梯板的核心芯片很多采用 16 位或 32 位处理器；软件设计功能齐备，参数设置界面友好，调试及故障诊断信息充分。

通信方式大多采用串行通信（RS485 或 CANBUS 总线）。

4. 变频器

变频调速技术的引入，是交流驱动和直流驱动优点的组合。变频器（见图 6-10）可以为与它相连的交流电动机提供频率、电压可变的三相电源。

自从变频技术应用于电梯，它不但可以使电梯在平层精度上的提高成为可能，而且在运行舒适感和系统节能方面都有显著提高。

目前的变频器，主要有以下三类：①直接变频型；②电流间接型；③电压间接型。

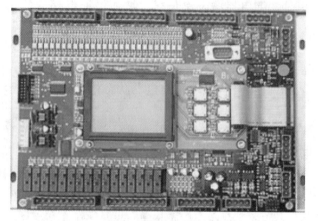

图 6-9　微机控制器

图 6-10　变频器

5. 制动电阻

变频器在带大位能负载高速下放时，从高速减至零速。从机械特性上分析，电动机产生与转速方向相反的大于负载的制动转矩，以保证负载在下降过程中减速，电动机工作在制动状态；从能量角度分析，电动机处于发电状态，大量机械动能和重力位能转化为电能，除部分消耗在电动机内部的铜损和铁损外，大部分电能经逆变器反馈至直流母线，使直流母线电压升高。普通变频器没有向电网逆变的功能，往往需要靠制动单元控制，将过量的电能消耗在制动电阻（见图 6-11）上。如果电能在短时间内不能释放，就会使直流母线电压过高，变频器出现过电压故障。

波纹电阻

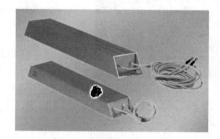

铝壳电阻

图 6-11　制动电阻

6.1.5　机房主开关

在机房中，每台电梯都应单独装设一只能切断该电梯所有供电电路的主开关。该开关应具有切断电梯正常使用情况下最大电流的能力，如图 6-12、图 6-13 所示。

该开关不应切断下列供电电路：①轿厢照明和通风（如有）；②轿顶电源插座；③机房

和滑轮间照明；④机房、滑轮间和底坑电源插座；⑤电梯井道照明；⑥报警装置。

图 6-12　电源箱

图 6-13　主开关

6.2　电梯井道电气部件

电梯井道电气部件通常包括井道照明、操纵箱（壁）、门机系统和防护装置、轿底称重装置、随行电缆、轿顶接线盒、轿顶检修盒、安全窗、安全钳、线槽及井道线束、底坑检修盒、缓冲器、井道信息和端站终端保护等。

6.2.1　操纵箱

操纵箱是用开关、按钮操纵轿厢运行的电气装置，主要用来提供乘客进入轿厢后操作电梯上下运行及到达所需要去的楼层。操纵箱（见图 6-14）面板上包含有电梯运行状态选择开关、照明开关、风扇开关、轿内指令按钮、警铃按钮、楼层显示、开关门按钮、上下行选择按钮及其他特殊功能按钮。

6.2.2　门机控制及防护

门机是使轿门和（或）厅门开启或关闭的装置。

1）门机系统（见图 6-15）由门机、轿门、厅门、厅门自闭装置、门锁和门刀组成。在轿厢出入口设置了安全防护装置屏障，主要是设置关门防夹装置。

2）关门防夹装置是指除关门行程最后 50mm 外，在其他行程内都应能对进出厅门、轿门的乘客和货物予以防夹保护。

3）关门力限制器是关门行程 1/3 后，阻止关门力 150N。当关门阻挡力大于该值时，关门力限制器动作，切断关门回路，马上接通开门回路，反向开门。

构成关门力限制器的测定结构通常有橡胶块式、压簧式、电流测定式三种。

关门防夹检测装置的种类有接触式（安全触板式）和感应式（光电式，不接触）两种，其中感应式关门防夹检测装置又可分为 2D 光幕传感器和 3D 光幕（见图 6-16）传感器。

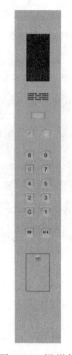

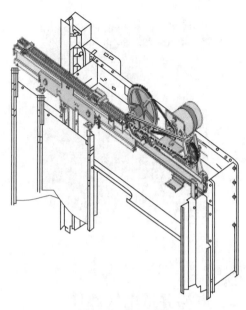

图 6-14　操纵箱　　　　　　　　　　　图 6-15　门机系统

图 6-16　3D 光幕

6.2.3　轿厢称重装置

　　称重装置是能检测轿厢内载荷值，并发出信号的装置，一般安装于轿厢底部或曳引钢丝绳绳头位置。称重装置有机械式和负载传感式两种形式。

　　机械式称重装置（开关式称重装置），可以输出超载、满载和最小负载开关量信号。

　　图 6-17 所示是一种常见机械式称重装置，称为三点式称重开关，三个开关的安装高度依据不同负载的检测需求有所不同。

　　负载传感式称重装置（距离传感式称重装置），用于连续测定轿厢内的载荷大小，分为电流式和电压式两种。电梯中通常使用电压式称重装置，如图 6-18 所示。

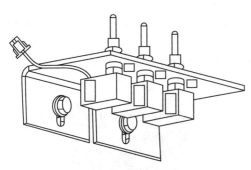

图 6-17　机械式称重装置

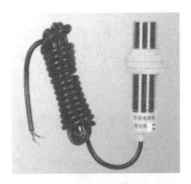

图 6-18　电压式称重装置

6.2.4　轿顶检修装置

轿顶检修装置是设置在轿顶上方，供检修人员检修时使用的装置，主要由轿顶接线盒（见图 6-19）和轿顶检修盒（见图 6-20）组成。

轿顶接线盒设置在轿顶靠近轿内操纵箱一侧，轿厢以及轿顶所有配线通过该接线盒与随行电缆相连接，转接传送相关信号。

轿顶检修盒主要用作检修人员在轿顶上操作电梯慢行运行以进行检修工作，该检修盒上设置了急停开关（红色）、上下运行开关和状态转换（检修状态与正常状态）开关。由于轿顶操作是相对比较危险的作业环境，为了避免在轿顶误操作，上下点动运行轿厢是由两个按钮联合控制。

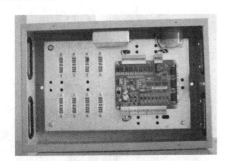

图 6-19　轿顶接线盒

图 6-20　轿顶检修盒

6.2.5　底坑检修盒

底坑检修盒（见图 6-21）是专为保证进入底坑的电梯检修人员的安全而设置的。

底坑检修盒应安装在检修人员开启底坑厅门后就能方便摸到的位置。

在底坑检修盒上安装有非自动复位的急停开关（红色蘑菇按钮），用于切断电梯运行控制电路，当离开底坑时应将其手动复位；另外还装有底坑照明开关及相关的电源插座。

6.2.6　井道信息

井道信息是专门用来测定轿厢所在井道位置的，采集楼层位置信息和平层位置信息，为电梯的起动、停层和过程调速提供相对位置依据，保证电梯轿厢的正常运行。

1）井道平层装置。井道平层装置通常由上下平层和门区三部分组成，一般由磁性干簧管、双稳态磁性开关或光电开关等构成。

磁性干簧管利用隔磁原理改变干簧管触点状态，从而确定相对位置信号，如图 6-22 所示。

图 6-21　底坑检修盒

图 6-22　磁性干簧管

平层装置是保证电梯停层位置精确度的专用部件，如图 6-23、图 6-24 所示。当电梯轿厢上行接近要平层的层站时，电梯运行速度由快速（额定速度）减速变为慢速后继续运行，装在轿厢顶上的上平层传感器先插入隔磁板，此时轿厢仍继续慢速运行，当下平层传感器进入隔磁板后，这时下平层感应器内干簧管触点动作，轿厢已平层，电梯上行接触器线圈失电，制动器抱闸停车。

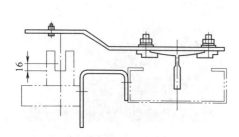

图 6-23　平层感应板示意图

图 6-24　平层装置

2）端站终端保护装置。为了防止轿厢终端越位，导致轿厢冲顶和蹲底事故发生，在井道顶端和底端设置强迫减速开关、端站限位开关和终端极限开关等端站终端保护装置。

若强迫减速未能使轿厢减速停止，则端站限位开关动作，迫使轿厢停止。当轿厢运行超越端站限位开关未停止时，在轿厢或对重装置接触缓冲器之前，强迫电梯停止的安全装置称为终端极限开关。终端极限开关通常有机械碰撞式和电离空气开关式两种形式，如图 6-25 所示。

6.2.7　井道照明

底坑、井道应安装永久性的检修电气照明（见图 6-26），主要是为了在维修期间，即使门全部关上，井道也能被照亮。

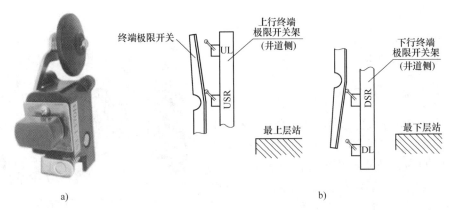

图 6-25　终端极限开关

a）实物图　b）结构示意图

距离井道的最高点与最低点 0.5m 处内应各设一盏照明灯，中间每盏灯之间间隔不得大于 7m，底坑内还应装配一个单相电源三线插座。

6.2.8　电线电缆

1. 电缆型号

电缆的型号由八部分组成：

1）用途代码——不标为电力电缆，K 为控制缆，P 为信号缆。

2）绝缘代码——Z 为油浸纸，X 为橡胶，V 为聚氯乙烯，YJ 为交联聚乙烯。

3）导体材料代码——不标为铜，L 为铝。

4）内护层代码——Q 为铅包，L 为铝包，H 为橡胶套，V 为聚氯乙烯护套。

5）派生代码——D 为不滴流，P 为干绝缘。

6）外护层代码——V 为聚氯乙烯，Y 为聚乙烯。

7）特殊产品代码——TH 为湿热带，TA 为干热带。

8）额定电压——单位为 kV。

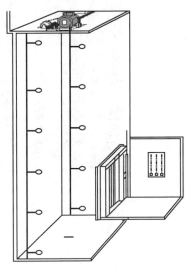

图 6-26　井道照明

2. 电缆规格

应用于电梯的电缆规格一般有：

RVV——聚氯乙烯绝缘软电缆，用于信号回路控制；

VVR——聚氯乙烯绝缘聚氯乙烯护套电力电缆，用于动力线回路控制；

TVVBP——扁型聚氯乙烯护套电缆，用于信号回路控制，主要应用于随行电缆。

3. 随行电缆功能和安装

随行电缆用于传输控制柜与轿厢间的信息。

随行电缆是井道电线电缆最重要的组成部分，井道中主要包括随行电缆和随行电缆架。

随行电缆架应安装在电梯正常提升高度 $\frac{1}{2}H+1.5\text{m}$ 的井道壁上，并设置电缆中间固定卡板使之固定。轿底应装有轿底电缆架，并做两次保护。

随行电缆通常有两种不同结构：圆形电缆与扁电缆，如图 6-27 所示。

6.2.9 位置显示装置

轿厢位置显示装置分为轿厢位置显示和层门位置显示装置，如图 6-28 所示。轿厢位置显示装置设置在轿厢内，是显示其运行位置和（或）方向的装置；层门位置显示装置在层门上方或一侧，是显示轿厢运行位置和方向的装置。

图 6-27　随行电缆

图 6-28　位置显示装置

a）段码显示　b）点阵显示　c）真彩液晶显示

6.3　电梯层站电气部件

电梯层站电气部件即电梯厅外电气部件，通常包括厅门组件（见图 6-29）、层站召唤盒和消防开关盒等。

6.3.1　厅门组件

电梯正常运行必须确保厅门组件（轿门与厅门）的可靠关闭，要求如下。

1）只有当门锁锁钩啮合深度≥7mm 时，电气触点才能接通，电梯方可起动运行。

2）每层层门都要设置机械门锁，并配有门锁电气开关。门锁电气开关都应采用分离式（动离）开关，严禁采用一体式开关，以防止误动作。

3）若是弹簧式开关，轿门与厅门关闭后，触点弹簧的压缩量应≥4mm。

4）若是插入式开关，轿门与厅门关闭后，触点的插入深度应≥7mm。

5）轿门与厅门电气安全电路的导线截面积≥0.75mm²。

图 6-29　厅门组件

图 6-30　层站召唤盒

6.3.2　层站召唤盒

　　层站召唤盒（见图 6-30）是设置在层站门一侧，召唤轿厢停靠在呼梯层站的装置，通常按钮上还设置指示灯显示。

　　层站召唤盒安装于电梯门口侧壁，供乘客和使用人员呼叫电梯而用。

6.3.3　消防开关盒

　　消防开关盒是在发生火警时，可供消防人员将电梯转入消防状态使用的电气装置。一般设置在基站。当建筑物内发生火灾时，消防开关盒（见图 6-31）专门用来迫降电梯轿厢返回基站，释放轿内人员。同时防止轿外人员抢占电梯而使电梯无法起动。

图 6-31　消防开关盒

　　乘客电梯必须设置消防开关盒，消防开关盒应安装在基站召唤盒上方，盒表面应用透明易碎材料（1mm 的透明薄玻璃）盖住，能在使用时轻击就能使其破碎，从而方便拨动开关，该开关必须采用红色醒目标志。

本 章 小 结

　　本章主要介绍电梯电气部件。通常曳引机组多数采用交流异步电动机，近年来永磁同步电动机无齿轮曳引机组因节能、环保等特点被广泛采用，但要求电动机的转速较慢。电梯控制柜是各种电子电气元器件安装在一个有防护作用的柜形结构内的电控设备。编码器将速度信号转化为电信号。

习题与思考

6-1　电梯机房主要有哪些电气部件？

6-2　电梯井道主要有哪些电气部件？

6-3　电梯层站主要有哪些电气部件？

6-4　永磁同步无齿轮曳引机有哪些特点？

▶ 第7章

电梯电力拖动系统

电力拖动系统是电梯的动力来源，它驱动电梯部件完成相应的运动。在电梯中主要有如下两个运动：轿厢的升降运动，轿门及厅门的开关运动。轿厢的运动由曳引电动机产生动力，经曳引传动系统进行减速、改变运动形式（将旋转运动改变为直线运动）来实现驱动，其功率为几千瓦到几十千瓦，是电梯的主驱动。为防止轿厢停止时由于重力而溜车，还必须装设制动器（俗称抱闸）。轿门及厅门的开与关则由开门电动机产生动力，经开门机构进行减速、改变运动形式来实现驱动，其驱动功率较小（通常在200W以下），是电梯的辅助驱动。开门机一般安装在轿门上部，驱动轿门的开与关，而厅门则仅当轿厢停靠本层时由轿门的运动带动厅门实现开或关。由于轿厢只有在轿门及所有厅门都关好的情况下才可以运行，因此，没有轿厢停靠的楼层，其厅门应是关闭的。如果由于特殊原因使没有轿厢停靠楼层的厅门打开了，那么，在外力取消后，该厅门由自动关闭系统靠弹簧力或重锤的重力予以关闭。

电梯的电力拖动系统应具有如下功能：有足够的驱动力和制动力，能够驱动轿厢、轿门及厅门完成必要的运动和可靠的静止；在运动中有正确的速度控制，以保证有良好的舒适性和平层准确度；动作灵活、反应迅速，在特殊情况下能够迅速制停；系统工作效率高，节省能量；运行平稳、安静、噪声小于国标要求；对周围电磁环境无超标的污染；动作可靠，维修量小，寿命长。

曳引电动机拖动系统由曳引电动机、速度反馈装置、电动机调速装置组成，如图7-1所示，它驱动轿厢的上下运动，完成轿厢的上下、起动、加速、匀速运行、减速、平层停车等动作。另外，它决定着电梯的运行速度、舒适感、平层精度等。加速度变化率对舒适感的影响更大。当加速度变化率值过大时，会使乘客产生振动和颤抖感。加速度变化率在电梯技术中被称为生理系数，是表示乘用电梯舒适度的重要参数。

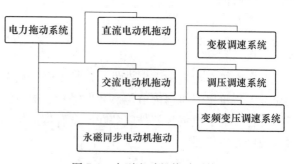

图7-1 曳引电动机拖动系统

人体所能承受的加速度变化率的最大值不大于5，一般限制在1.8以下。如果将它限制在1.3以下时，即使加速度再大一些（即使达到$2.0\sim2.5\mathrm{m/s^2}$），也不会使人感到不适。电梯拖动系统应兼顾乘坐舒适感、运行效率和节约运行费用等方面的要求，合理选择速度曲线，使电梯运行时按照给定的速度曲线运行，对提高电梯运行品质至关重要。

曳引电动机产生动力，曳引电动机的功能是将电能转换成机械能直接或间接带动曳引轮转动，从而使电梯轿厢完成向上或向下的运动。曳引电动机一般由电动机、编码器、制动器、松闸装置、减速箱、盘车装置、曳引轮和导向轮等组成。导向轮一般装在机架或机架下的承重梁上。盘车手轮有的固定在电动机轴上，用于手动盘车。也有的平时挂在附近墙上，使用时再套在电动机轴上，如图 7-2 所示。

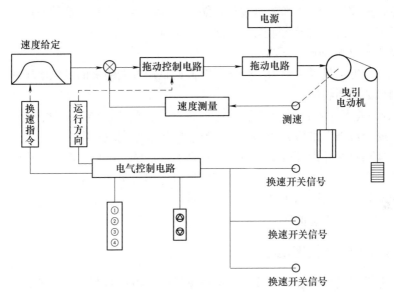

图 7-2　电梯曳引拖动系统

7.1　电梯拖动系统的分类

按照电源形式可分为直流和交流拖动系统。

7.1.1　直流电梯拖动系统

直流电梯拖动系统通常分为以下两种。

1. 用发电机组构成的晶闸管励磁的发电机-电动机驱动系统

通过调节发电机的励磁来改变直流电动机的输入电压，以此调节电动机的转速。这种系统结构复杂、耗电量大、维修麻烦、效率很低，已被淘汰。

2. 晶闸管直接供电的晶闸管-电动机系统

采用晶闸管把交流电直接整流、滤波、稳压，变成可控的直流电供给直流电动机，以此调节电动机的转速。这种系统省去了发电机组，结构紧凑，但需要大功率半导体器件的支持。

直流电梯具有调速性能好、调速范围大的特点，因此，电梯具有速度平稳、起动和制动控制容易实现、平层准确度高、舒适感好等优点，多用于速度较高的电梯。

交流拖动系统又可分为三种：

（1）变极调速

交流双速异步电动机具有快速和慢速两组绕组。这种系统大多采用开环方式控制，线路比较简单，成本低廉，维修方便，但电梯的舒适感和平层精度不佳，一般用于 1.0m/s 以下的低速电梯。

（2）调压调速（ACVV）

采用晶闸管闭环调速，它的制动可采用涡流制动、能耗制动、反接制动方式。ACVV 电梯的优点是电梯在加速、匀速和减速过程中能够保持高动力参数。这种驱动方式的电梯乘坐舒适感好、平层精度高，明显优于交流双速拖动系统。

（3）交流变压变频调速（VVVF）

采用交流异步电动机提供动力。变压变频调速是调节电动机的供电电压和供电频率来线性地调节电动机的输出转速。

VVVF 控制的电梯具有高速高性能、运行效率高、节约电能、舒适感好、平层精度高、运行噪声小、安全可靠、维修方便等优点，目前广泛应用在电梯中。

电梯的主拖动电路在设计时要考虑电梯乘坐的舒适感，电梯从高速转换到低速时，速度的变化梯级不能太大；在负载发生变化时不应该对电梯的速度产生太大影响。这要求电动机要有较大的起动转矩和较硬的机械性能。为此可以设定两个速度（即慢速运行和快速运行）来满足电梯起动和到站慢速的要求，同时能提高电梯运行的效率。

7.1.2　永磁同步电动机拖动系统

永磁同步电动机适用于各速度段、各级载重量的高档乘客电梯，已成为目前中高速乘客电梯、无机房电梯的主流配置。

永磁同步电动机具有功率密度高、转子转动惯量小、电枢电感小、运行效率高以及转轴上无集电环和电刷等优点，因而广泛应用于中小功率范围内（≤100kW）的高性能运动控制领域，如工业机器人、数控机床等。

永磁同步电动机没有励磁绕组，因此节省了励磁供电电路，省去了同步电动机的电刷-集电环装置，使电动机结构紧凑、体积减小、效率提高。永磁同步电动机的主电路就是对定子三相绕组供电的电路，图 7-3 中，正弦波永磁同步电动机的定子三相对称绕组由电力电子逆变器供电。该逆变器所输出定子三相绕组电流的大小取决于负载，而频率则取决于转子的实际位置与转速。转子转速越高，则逆变器的输出频率越高；转子转速越低，则逆变器的输出频率越低。

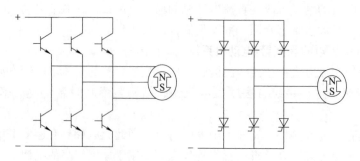

图 7-3　永磁同步电动机

采用永磁同步电动机的电梯曳引系统通常为无齿轮曳引方式，这样可以充分发挥永磁同步电动机易于做成低转速、大功率的优点，如图 7-4 所示。

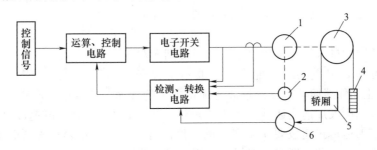

图 7-4　采用永磁同步电动机的电梯曳引系统
1—永磁同步电动机　2—转子位置传感器　3—曳引轮　4—对重　5—轿厢　6—轿厢负载检测传感器

与异步电动机变频调速系统相比，当负载变化时，异步电动机通过调整转差来适应，而同步电动机则只是调节功角，因此同步电动机响应速度更快，也因此其控制系统需要有精确的转子位置检测装置和电压电流检测装置，以便随时确定磁场的大小、方向。转子位置的精确控制是永磁同步无齿轮曳引技术的重要部分之一，它将直接关系到电梯起动、制动的舒适性和平层精度。

7.1.3　电梯的舒适性设计

1. 由加速度引起的不适

由于电梯的负载是人，人在加速上升或减速下降时，加速度引起的惯性力叠加到重力之上，会使人产生超重感，使各器官承受更大的重力；而在加速下降或减速上升时，加速度产生的惯性力抵消了部分重力，使人产生上浮感，感到内脏不适，头晕目眩。

考虑到人体生理上对加、减速度的承受能力，《电梯技术条件》中规定："电梯的起制动应平稳、迅速。加、减速度最大值不大于 $1.5 \mathrm{m/s^2}$。"

2. 由加速度变化率引起的不适

实验证明，人体不但对加速度敏感，对加速度的变化率（或称加加速度）也很敏感。用 a 来表示加速度，用 ρ 来表示加速度变化率，则当加速度变化率 ρ 较大时，人的大脑感到晕眩、痛苦，其影响比加速度 a 的影响还严重。称加速度变化率为生理系数，在电梯行业一般限制生理系数 ρ 不超过 $1.3 \mathrm{m/s^3}$。

当轿厢静止或匀速升降时，轿厢的加速度、加加速度都是零，乘客不会感到不适；而在轿厢由静止起动到以额定速度匀速运动的加速过程中，或由匀速运动状态制动到静止状态的减速过程中，既要考虑快速性的要求，又要兼顾舒适感的要求。也就是说，在加、减速过程中既不能过猛，也不能过慢：过猛时快速性好了，舒适性变差；过慢时舒适性变好，快速性却变差。因此，有必要设计电梯运行的速度曲线，让轿厢按照这样的速度曲线运行，既能满足快速性的要求，也能满足舒适性的要求，科学、合理地解决快速性与舒适性的矛盾。图 7-5 中曲线 $ABCD$ 就是这样的速度曲线。其中 $AEFB$ 段是由静止起动到匀速运行的加速段速度曲线；BC 段是匀速运行段，其梯速为额定梯速；$CF'E'D$ 段是由匀速运行制动到静止的减速段速度曲线，通常是一条与起动段对称的曲线，如图 7-5 所示。

由于乘客对电梯舒适性的要求，使得电梯要兼顾快速性与舒适性，电梯的速度曲线在转弯处都是圆滑过渡的，处处可导，因此专门设计了抛物线曲线段，与其前后的直线段相切，实现平滑过渡，从而加速度曲线是连续的，没有突跳，加速度则可被控制在允许值之下。

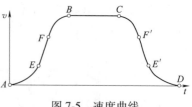

图 7-5　速度曲线

加速、减速段的最大加速度数值不同，考虑到人对加速度引起的超重、失重的承受能力，其值不得大于 $1.5\mathrm{m/s^2}$，再加上抛物线阶段的逐渐过渡，使得电梯的加速、减速段时间较长。而龙门刨床在加速、减速段的最大加速度通常可达 $3\sim5\mathrm{m/s^2}$，以尽量减少加速、减速段时间。

调速电梯在加速、减速段要实施严密的速度闭环控制，保证轿厢按设计的速度曲线运行，不允许出现大的超调和振荡，以保证电梯的舒适性。

7.1.4　抛物线型电梯速度曲线设计

1. 速度曲线的要求

从前面的分析可以看出，设计电梯的速度曲线重点是设计电梯起动阶段的速度曲线 *AEFB* 段，*BC* 段是匀速运行段，速度为常值，无须设计；减速阶段的速度曲线 *CF'E'D* 段与 *BFEA* 段对称，可按对称原则轻松得到。

将相关标准对电梯的舒适性、快速性要求列写如下：

舒适性要求：加速度

$$\left.\begin{aligned}
\text{加速度 } a &= \frac{\mathrm{d}v}{\mathrm{d}t} \leqslant 1.5\mathrm{m/s^2} = a_{\mathrm{mb}} \\
\text{加加速度 } p &= \frac{\mathrm{d}a}{\mathrm{d}t} = \frac{\mathrm{d}^2v}{\mathrm{d}t^2} \leqslant 1.3\mathrm{m/s^3} = p_{\mathrm{mb}}
\end{aligned}\right\} \tag{7-1}$$

快速性要求：起动段的平均加速度

$$\left.\begin{aligned}
a_{\mathrm{p}} &= \frac{v_{\mathrm{N}}}{t_{\mathrm{Q}}} \geqslant 0.48\mathrm{m/s^2}(v_{\mathrm{N}} \leqslant 2\mathrm{m/s} \text{ 时}) \\
a_{\mathrm{p}} &= \frac{v_{\mathrm{N}}}{t_{\mathrm{Q}}} \geqslant 0.65\mathrm{m/s^2}(v_{\mathrm{N}} \geqslant 2\mathrm{m/s} \text{ 时})
\end{aligned}\right\} \tag{7-2}$$

式中　a_{mb}——标准规定的允许最大加速度（$\mathrm{m/s^2}$）；

　　　p_{mb}——规定允许最大加加速度（$\mathrm{m/s^3}$）；

　　　v_{N}——电梯的额定速度（$\mathrm{m/s}$）；

　　　t_{Q}——起动段所用时间（s）。

把起动段速度曲线画在图 7-6 中，把各段曲线的方程列写如下：

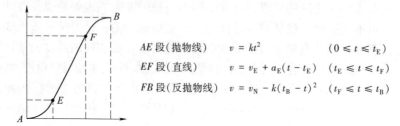

AE 段（抛物线）	$v = kt^2$	$(0 \leqslant t \leqslant t_{\mathrm{E}})$
EF 段（直线）	$v = v_{\mathrm{E}} + a_{\mathrm{E}}(t - t_{\mathrm{E}})$	$(t_{\mathrm{E}} \leqslant t \leqslant t_{\mathrm{F}})$
FB 段（反抛物线）	$v = v_{\mathrm{N}} - k(t_{\mathrm{B}} - t)^2$	$(t_{\mathrm{F}} \leqslant t \leqslant t_{\mathrm{B}})$

图 7-6　起动段速度曲线

2. 门机拖动系统

门机拖动系统，驱动电梯门机的运动，实现电梯的轿门及厅门的开启与关闭。

轿厢由轿门、厅门、门锁等装置构成，是电梯的一个重要组成部分。厅门由门、门导轨架、层门地坎和层门联动机构等组成，轿门的开启由厅门带动。

电梯门系统包括轿门、厅门、开关门机构和附属部件。电梯门系统主要用来防止候梯人员和物品坠入井道或与井道碰撞等危险。层门是设置在层站入口的封闭门，当轿厢不在该层门开锁区域时，层门保持锁闭；此时如果强行开启层门，层门上装设的机械-电气联锁门锁会切断电梯控制电路，使轿厢停驶。

层门的开启，必须是当轿厢进入该层站开锁区域，轿门与层门相重叠时，随轿门驱动而开启和关闭。

轿门为主动门，层门为被动门，只有轿门、层门完全关闭后，电梯才能运行。轿门上一般设有开门联动装置，通过该装置与层门门锁的配合，使轿门带动层门运动。

轿门上设有关门安全装置（近门保护装置），当轿门关闭过程中遇到阻碍时，会立即反向运动，将门打开，直至阻碍消除后再完成关闭。

自动开门机根据电动机的驱动形式可分为直流门机和交流门机。

直流门机采用直流电动机提供动力，再通过减速装置驱动开关门机构。门机的直流电动机可用永磁直流电动机和他励直流电动机，开关门控制是用改变电枢两端的极性的方法实现的，调速时，通过改变电枢两端的电压来调节开关门速度。小型直流门机自动驱动装置的电路原理图如图 7-7 所示。

当关门继电器 KAC 吸合后，直流电源正极经熔断器 FU，首先提供给直流伺服电动机的励磁绕组 WM，同时经可调电阻 R_M→KAC（1，2）触点→电动机的电枢绕组→KAC（3，4）触点→电源的负极。另一方面，电源还经过开门继电器 KAO 的常闭触点和电阻 R_1 对电枢进行分流。

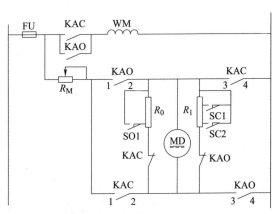

图 7-7 直流门机电路原理图

WM—电动机励磁绕组　R_M—可调电阻　R_0、R_1—电阻
FU—熔断器　KAC—关门继电器　KAO—开门继电器
SO1、SC1、SC2—限位开关

当门关至约门宽的 2/3 时，限位开关 SC1 动作，使电阻 R_1 被短接掉一部分，流经此部分的电流增大，则总电流增大，在电阻 R_M 上的压降增大，从而使电动机的电枢电压降低，门电动机 MD 转速下降，关门速度减慢。当门关至还有 100～150mm 时，限位开关 SC2 动作，又短接了电阻 R_1 的很大一部分，关门速度再次降低，直至门完全关闭，线圈 KAC 失电，关门过程结束。

类似地可实现整个开门过程。

优点：方法简单。缺点：需要减速装置，结构复杂，体积大，开关门时分段设定门的速度，调速曲线是不连续的。

交流门机：交流异步电动机驱动的变频门机，交流永磁同步电动机驱动的变频门机。优点：采用变频调速技术，无需减速装置，可以实现无级调速，门机构造简单，开关门速度调节和控制性能好，开关门过程平稳，噪声小，能耗低。

7.2 安全保护系统

电梯在井道中设置机械安全装置和电气安全装置，其主要作用就是保证电梯运行时的安全，保护乘客的安全。其主要有：限速器、安全钳、缓冲器、满超载系统、急停开关、门机系统、上下极限开关、上下强迫减速开关等，如图 7-8 所示。

其中安全回路把这些安全部件串联在一起，如果其中一个发生故障，则整个电梯就会停止运行。

电梯所有的动作都离不开电，电梯控制系统的主电源电路图如图 7-9 所示。

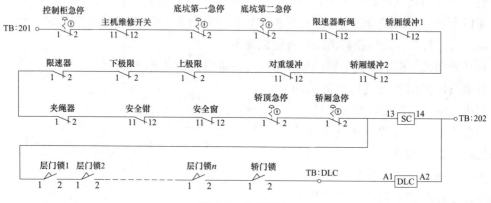

图 7-8 安全回路

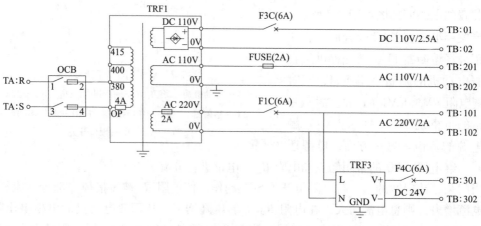

图 7-9 主电源电路

7.3 紧急电动运行控制回路

如图 7-10 所示是紧急电动运行控制回路，对于人力操作提升装有额定载重量的轿厢所需力大于 400N 的电梯驱动主机，机房内设置紧急电动运行开关。电梯驱动主机应由正常的电源供电或由备用电源供电。同时需满足下列条件：

1）应允许从机房内操作紧急电动运行开关，由持续按压具有防止误操作保护的按钮控制轿厢运行，运行方向应清楚地标明。

2）紧急电动运行开关操作后，除由该开关控制的以外，应防止轿厢的一切运行。检修运行一旦实施，则紧急电动运行应失效。

3）紧急电动运行开关本身或通过另一个电气开关应使下列电气装置失效：

① 安全钳上的电气安全装置；

② 限速器上的电气安全装置；

③ 轿厢上行超速保护装置上的电气装置；

④ 极限开关；

⑤ 缓冲器上的电气安全装置。

4）紧急电动运行开关及其操纵按钮应设置在使用时易于直接观察电梯驱动主机的地方。

5）轿厢速度应不大于 0.63m/s。

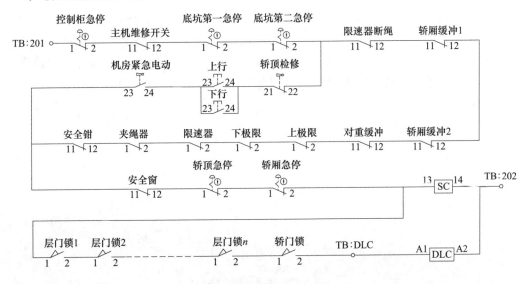

图 7-10 带停电应急救援的安全回路

7.4 检修电路设计

如图 7-11 所示是检修电路，是由轿顶检修开关 SRT、控制柜紧急运行开关 DBS、轿顶检修上行按钮 TCIU、轿顶检修下行按钮 TCIB、控制柜上行按钮 UDB、控制柜下行按钮 DDB 组成的。当按下控制柜紧急运行开关时，电梯打到紧急运行档，可以短接部分安全回路开关，将电梯开到平层位置，把人放出来。当按下轿顶检修开关时，电梯处于检修状态，不再正常运行。

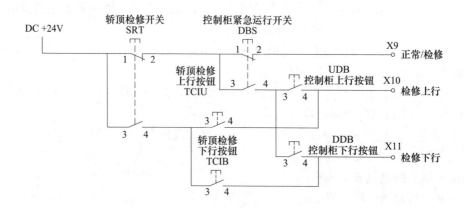

图 7-11　检修电路

7.5　抱闸制动电路设计

如图 7-12 所示是抱闸制动电路，是由输出接触器 SW、抱闸接触器 BY、制动器 YBK 组成的。当电梯处于正常运行状态下时，制动器在持续通电的情况下保持松开的状态。当电梯停止时，如果其中一个接触器的主触点未打开，最迟到下一次运行方向改变时，应防止电梯再运行。当电梯的电动机有可能起发电机作用时，应防止电动机向抱闸接触器反馈电流。

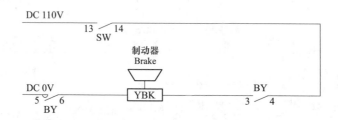

图 7-12　抱闸制动电路

7.6　驱动电路设计

如图 7-13 所示是带备用电源的驱动电路，是由主开关 OCB、安全回路接触器 SC、备用电源、制动电阻 DBR、一体机控制板 CTB-B、电动机、输出接触器 SW、封星接触器 SW2、PG 卡、正余弦编码器组成的。当安全回路接触器 SC、输出接触器 SW、封星接触器 SW2 都处于闭合状态时，系统正常供电，编码器、一体机、电动机运行。电梯在正常情况下由三相 AC 380V 为系统提供电源，主开关 OCB 控制整部电梯的通断。当发生断电的情况时，系统改由备用电源供电。

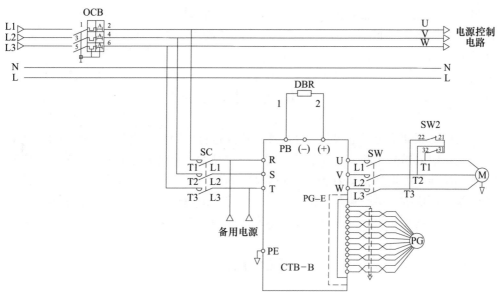

图 7-13　驱动电路

7.7　轿顶电路设计

轿顶板上集成了系统开、关门信号输出给门机控制器，门机控制器输出开、关门到位信

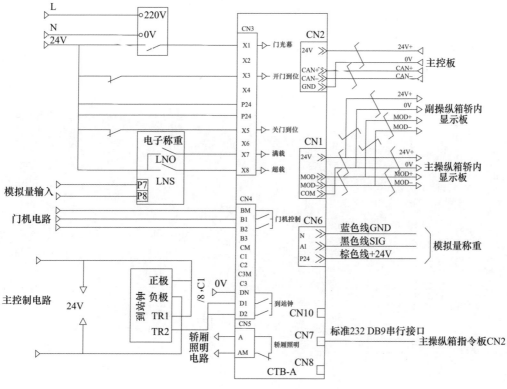

图 7-14　轿顶电路

号反馈给系统；同时还集成了模拟量的称重信号、轿厢到站钟信号、轿内通信信号、轿厢照明控制信号、如图 7-14 所示。另外，端子设计成多输入功能，可通过参数灵活的定义，调整各端子的功能。

本 章 小 结

电梯的电梯驱动系统对电梯的起动加速、稳速运行、制动减速起着控制作用。驱动系统的好坏直接影响电梯的起动、制动加减速度、平层精度、乘坐的舒适感等指标。电梯的电力拖动系统的功能是为电梯提供动力，并对电梯的起动加速、稳速运行和制动减速起控制作用。拖动系统的优劣直接影响着电梯起停时的加速和减速性能、平层精度、乘坐舒适感等指标。目前电梯的拖动系统分为直流电动机拖动、交流电动机拖动和永磁同步电动机拖动。

习题与思考

7-1 什么是安全回路？一般安全回路中有哪些安全开关？

7-2 电梯是如何实现自动定向的？

7-3 简述电梯自动控制运行的工作过程。

7-4 电梯运行的安全条件是什么？

第8章

电梯的电气控制系统

同许多工业生产过程一样，电梯作为机电紧密结合的产品，在其运行过程中，为了维持正常的工作条件，就必须对某些物理量（如电压、位移、转速等）进行控制，使其能按照一定的规律变化。

8.1 拖动控制系统的基本概念

8.1.1 自动控制

所谓自动控制，就是没有人的直接参与，而是利用控制装置本身操纵对象，从而使被控量恒定或按某一规律变化。

8.1.2 开环控制

图8-1所示为开环转速控制系统，其特点是只有输入量 u_r 对输出量 n 起单向控制作用，而输出量 n 对输入量 u_r 却没有任何影响和联系，即系统的输出端和输入端之间不存在反馈回路。开环系统的框图可用图8-2表示。图中箭头表示元部件之间信号的传递方向。作用于电动机轴上的阻力矩用 M_c 表示，称之为干扰或扰动。

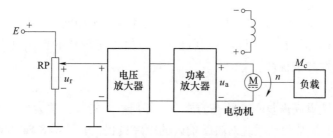

图8-1 开环转速控制系统原理图

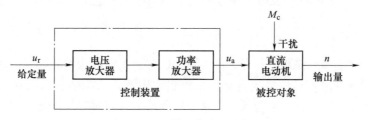

图8-2 开环转速控制系统框图

开环控制系统的精度主要取决于 u_r 的给定精度以及控制装置参数的稳定程度。由于开环系统没有抵抗外部干扰的能力，故控制精度较低。但由于系统的结构简单、造价较低，故在系统结构参数稳定、没有干扰作用或所受干扰较小的场合下，仍会大量使用。

8.1.3　闭环控制系统

在图 8-1 所示系统中，加入一台测速发电机，并对电路稍作改变，就构成了转速闭环控制系统，如图 8-3 所示。它克服了开环控制系统精度不高和适应性不强的缺点，由于引入反馈环节，使输出量对控制作用有直接影响，因此提高了控制质量。相应的系统框图如图 8-4 所示。由于采用了反馈回路，致使信号的传送路径形成闭合环路，使输出量反过来直接影响控制作用，以求减小或消除偏差。

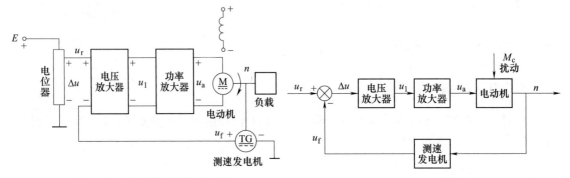

图 8-3　闭环转速控制系统原理图　　　　　图 8-4　闭环转速控制系统框图

由于闭环控制系统采用了反馈装置，导致设备增多，线路复杂，对于一些惯性较大的系统，若参数配合不当，控制过程可能变差，甚至出现发散或等幅振荡等不稳定的情况。

8.1.4　基本性能要求

由于各种自动控制系统的被控对象和要完成的任务各不相同，故对性能指标的具体要求也不一样。总体目标都是希望实际的控制过程尽量接近于理想的控制过程，并归纳为稳定性、快速性、准确性和抗扰性。

1. 稳定性

稳定性是指系统重新恢复平衡状态的能力。任何一个能够正常运行的控制系统，首先必须是稳定的。图 8-5 为某随动系统对阶跃输入的跟踪过程，其中图 8-5a 为衰减振荡过程，表示系统是稳定的；图 8-5b 是等幅振荡过程，表示系统处于稳定与不稳定的临界状态（一般认为是不稳定的）；图 8-5c 是发散振荡过程，表明系统是不稳定的。不稳定的系统是无法使用的。

2. 快速性

由于系统的对象和元件通常具有一定的惯性，并受到能源功率的限制，因此，当系统输入（给定输入或扰动输入）信号改变时，在控制作用下，系统必然由原来的平衡状态经历一段时间才过渡到另一个新的平衡状态，这个过程称为过渡过程。过渡过程越短，表明系统的快速性越好，它是衡量现代化交通设施质量高低的重要指标之一。

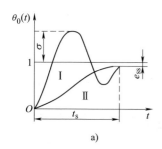 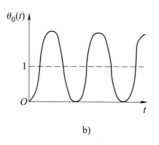 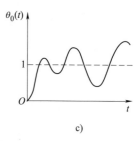

图 8-5 随动系统对阶跃输入的跟踪过程

a) 衰减振荡过程 b) 等幅振荡过程 c) 发散振荡过程

3. 准确性

对一个稳定的系统而言，当过渡过程结束后，系统输出量的实际值与期望值之差称为稳态误差，它是衡量系统稳态精度的重要指标。稳态误差越小，表示系统的准确性越好。

4. 抗扰性

对任一系统，在其控制过程中，都会出现各种各样的扰动信号，而系统对扰动的抵抗能力强弱会直接影响到输出信号或被调量的质量，扰动导致输出量的变化越小，表示系统的抗扰能力越强。

8.1.5 比例积分控制

在自控系统中，采用比例调节器的闭环转速负反馈控制系统是有静差的调速系统。要想实现调速系统的无静差，就必须改变单纯的比例控制规律，从根本上找出消除静差的方法。

1. 积分调节器

由线性集成运算放大器构成的积分调节器（简称 I 调节器）的组成如图 8-6 所示。从该图可以看出积分调节器具有如下特点：

（1）积累作用

只要输入信号不为零（其极性不变），积分调节器的输出就一直增长，只有当输入信号为零时，输出才停止增长。利用积分调节器的这个特性，就可以完全消除系统中的稳态偏差（静差）。实际应用时调节器设有输出限幅装置。

（2）记忆作用

在积分过程中，当输入信号衰减为零时，输出并不为零，而是始终保持在输入信号为零前的那个输出瞬时值上。这是积分控制明显区别于比例控制的地方。正因如此，积分控制可以使闭环系统在偏差输入（即给定与反馈的差值）为零时，保持恒速运行，从而得到无静差系统。

（3）延缓作用

从以上分析可知，尽管积分调节器的输入信号为阶跃信号，但其输出却不能随之跳变，而是逐渐积分、线性增长。这就是积分调节器的延缓作用，这种延缓将影响系统控制的快速性。

2. 比例积分调节器

由于积分调节器具有延缓作用，因此在控制的快速性上不如比例调节器。如果一个控制系统既要达到无静差又要响应快，可以把比例控制和积分控制两种规律结合起来，构成比例积分调节器（简称 PI 调节器），如图 8-7 所示。

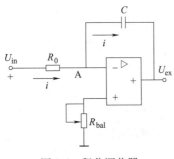

图 8-6　积分调节器

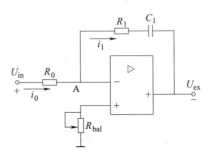

图 8-7　比例积分调节器

阶跃输入时 PI 调节器的输出特性如图 8-8 所示。可见当突加输入电压 U_{in} 时，输出电压突跳到 $K_{pi}U_{in}$，以保证一定的快速控制作用，即比例部分起作用，随着时间的增长，积分部分逐渐增大，调节器的输出 U_{ex} 在 $K_{pi}U_{in}$ 基础上线性增长，直至达到运算放大器的限幅值。

从 PI 调节器控制的物理意义上看，当突加输入信号时，由于电容两端电压不能突变，则电容相当于瞬时短路，此时的调节器相当于一个放大系数为 $K_{pi}=R_1/R_0$ 的比例调节器，在其输出端立即呈现电压 $K_{pi}U_{in}$，实现快速控制。此后，随着电容 C 被充电，输出电压 U_{ex} 在 $K_{pi}U_{in}$ 基础上开始线性增长（积分），直至稳态。达到稳态后，电容 C 相当于开路，与积分调节器一样，调节器可以获得极大的开环放大系数，实现稳态无静差。

由此可见，比例部分能迅速响应控制作用，积分部分则最终消除稳态偏差。比例积分控制综合了比例控制和积分控制两种规律的优点，又克服了各自的缺点，互相补充。

图 8-9 绘出了当 PI 调节器的输入信号为一般函数时（调速系统负载突加时，偏差电压 ΔU_n 即为此波形），调节器的输出动态过程。输出波形中比例部分①和 U_{in} 成正比，积分部分②是 U_{in} 对时间的积分曲线，PI 调节器的输出电压 U_{ex} 即为这两部分的和（①+②）。可见，U_{ex} 既具有快速响应性能，又可以消除系统的静态偏差。

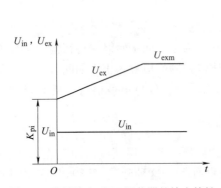

图 8-8　阶跃输入时 PI 调节器的输出特性

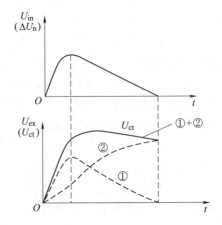

图 8-9　一般信号输入时 PI 调节器的输出特性

某调速系统的组成如图 8-10 所示，由于系统采用了 PI 调节器，必然能做到无静差调速，所以下面只着重分析系统抗负载扰动的动态过渡过程。

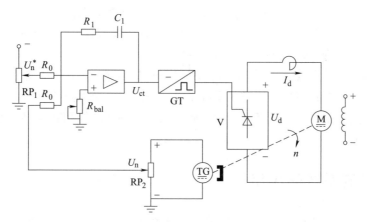

图 8-10　采用 PI 调节器的调速系统

当负载由 T_{L1} 突增到 T_{L2} 时，负载转矩大于电动转矩而使转速 n 下降，转速反馈电压 U_n

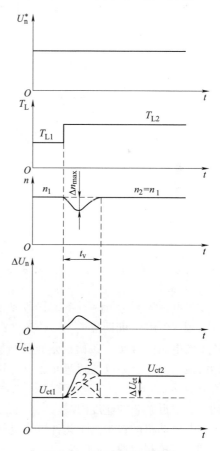

随之下降，使调节器输入偏差 $\Delta U_n \neq 0$，于是引起 PI 调节器的调节过程。在调节过程的初始阶段，比例部分立即响应，输出 $K_p \Delta U_n$，它使控制电压 U_{ct} 增加 ΔU_{ct1}，经整流后整流输出电压 U_d 增加 ΔU_{d1}。其大小与转速偏差 Δn 成正比，Δn 越大，$\Delta U_{ct1}(\Delta U_{d1})$ 越大，调节作用越强，从而使转速沿着曲线缓慢下降。积分部分的输出电压 ΔU_{ct2} 与 ΔU_n 对时间的积分成正比。在初始阶段，由于 $\Delta n(\Delta U_n)$ 较小，所以积分部分的输出增长缓慢，如图 8-11 中曲线 2 所示。当 Δn 达到最大值 Δn_{max} 时，比例部分的输出 ΔU_{ct1} 达到最大值，积分部分的输出 ΔU_{ct2} 的增长速度最大。此后，转速开始回升，$\Delta n(\Delta U_n)$ 逐渐减小，比例部分的输出 ΔU_{ct1} 也逐渐减小，积分部分的输出 ΔU_{ct2} 的增长速度逐渐降低，但其数值本身仍然是向上增长的，并对转速的回升起主要作用，直至转速恢复到原值，$\Delta n = 0$，$\Delta U = 0$，此时 ΔU_{ct2} 停止增长，并保持在这个数值上，而比例部分输出 ΔU_{ct1} 衰减为零。这样积分作用的结果最终使 U_{ct} 比原稳态值 ΔU_{ct1} 高出 ΔU_{ct} 成为 U_{ct2}，进而增加了整流电压 U_d，从而使转速回到原来的稳态值上，实现了转速无静差调节。

总的 ΔU_{ct} 变化曲线为曲线 1 和曲线 2 相加。在整个调节过程中，初始和中间阶段比例部分的调节起主要作用，它迅速抑制转速的下降，使转速回升。在调节过程的后期，转速降落已很小，比例调节的作用已不显著，而积分调节作用上升到主要地位，并依靠它

图 8-11　采用 PI 调节器的
调速系统突加负载时的过渡过程
曲线 1—比例部分的输出　曲线 2—积分
部分的输出　曲线 3—比例积分的输出

最终消除静差。

从上述的系统抗负载扰动过程变化曲线可以看出，无静差调速系统只是在稳态上的无静差，在动态时（即过渡过程中）还是有静差的。一般衡量调速系统抗扰过程的动态性能指标主要有最大动态速降 Δn_{max} 和恢复时间 t_v（见图 8-11）。

比例积分调节器的等效放大系数在动态和稳态时是不同的。在动态时放大系数较小，以满足系统稳定性的需要；在稳态时放大系数很大，以满足系统无静差的需要。所以比例积分调节器很好地解决了系统动、稳态之间的矛盾，因而在调速系统和其他控制系统中获得了广泛的应用。

8.2　拖动控制系统的应用

图 8-12 是电梯拖动控制系统的原理图。主驱动曳引电动机经减速器与曳引轮连接，曳引轮两侧悬挂轿厢和对重，测速发电机与电动机同轴安装，其输出的电压 u_f 与转速 n 成正比，u_f 作为系统的反馈电压与给定电压 u_g 进行比较，得出偏差信号 Δu，经电压放大器放大成 u_k，再经功率放大电路得到电动机的电枢电压 u_a（对于交流电动机还有频率 f）。

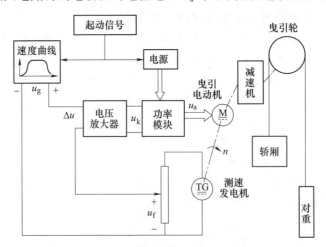

图 8-12　电梯拖动控制系统原理图

当电梯需要运行时，系统接收到起动信号，该信号使电源接通，继而功率驱动部分得电，则曳引电动机具备了工作的条件；同时，速度曲线发生器开始工作，即给出相应的代表速度的电压信号 u_g，该信号是预先设计好的，如图中的曲线所示。在曳引电动机起动的初始阶段，由于电动机的转速 n 还没有建立起来，测速发电动机的输出电压 u_f 几乎为 0，则差值 $\Delta u = u_g - u_f$ 较大，于是经电压、功率放大后，电动机在较大的电枢电压 u_a 作用下很快起动，并逼近期望的速度曲线。

若电动机的转速由于某种原因突然下降（例如：电源波动或导轨不直等），该系统就会出现以下控制过程：$n \downarrow \rightarrow u_f \downarrow \rightarrow \Delta u = (u_g - u_f) \uparrow \rightarrow u_k \uparrow \rightarrow u_a \uparrow \rightarrow n \uparrow$ 控制的结果是使电动机转速回升，达到期望值为止。在本系统中，电动机是控制对象，电动机轴上的转速 n 是被控量。转速 n 经测速发电机测出并转换成适量的电压后，再经反馈通道送至电压放大器的入端与速度给定电压比较后，控制电动机的转速，从而构成一个闭环控制系统。

8.3 速度、位置检测装置

在自控系统中，检测装置所起的作用相当于人的感觉器官，它们每时每刻都要完成对各种信息的测量，再将测得的大量信息通过转换、加工或处理，给自动控制系统、计算机系统提供有效的数据，用以完成控制过程、生产过程以及工艺管理、质量检测和安全方面的控制。可见，检测装置在自动控制领域中占有重要的地位。

8.3.1 速度检测

1. 测速发电机

测速发电机是把机械转速变换为与转速成正比的电压信号的微型发电机。在自动控制系统和模拟计算装置中，作为检测元件、解算元件和角加速度信号元件等，测速发电机得到了广泛的应用。在交流、直流调速系统中，利用测速发电机形成速度反馈通道以构成闭环控制系统，可以大大改善系统的动、静态性能，提高系统精度，并能明显减弱参数变化和非线性因素对系统性能的影响。而在解算装置中，测速发电机又可作为解算元件，作积分、微分运算。目前应用的测速发电机主要有直流测速发电机、交流测速发电机和霍尔效应测速发电机等。测速发电机的电气图形符号如图8-13所示。

直流测速发电机具有线性度好、灵敏度高以及输出信号强等特点，因此在工业自动化检测中被广泛应用于转速检测和电动机拖动闭环控制系统中。

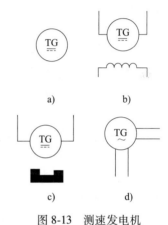

图 8-13 测速发电机
的电气图形符号

a）直流测速发电机 b）他励式
直流测速发电机 c）永磁式直流
测速发电机 d）交流测速发电机

一般自动控制系统对直流测速发电机的主要要求是：

1）输出电压要与转速呈线性关系，正、反转时特性一样。

2）输出特性的灵敏度高。

3）输出电压的纹波小。

4）发电机的惯量小。另外还要求高频干扰小、噪声小、工作可靠、结构简单、体积小和重量轻等。

在直流测速发电机上，为了从电枢上取得输出电压，必不可少的要设置换向器和电刷，这就带来了换向器与电刷的摩擦、电压波动和噪声等问题。为了解决此类问题，给控制系统提供高性能的检测装置，人们设计了新型测速发电机，例如：无刷式直流测速发电机、霍尔式无刷直流测速发电机等。

图8-14所示为霍尔式无刷直流测速发电机的结构与原理图。为了产生正弦函数的电压，让两极已经磁化了的铁淦氧磁铁旋转，形成按正弦函数规律分布的旋转磁场，利用互成直角固定安装的两个霍尔元件来检测磁场，同时通过与定子线圈中产生的和电压成正比的电流，获得与角速度成正比而又没有脉动成分的直流电压。

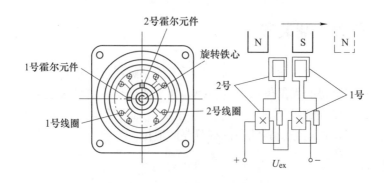

图 8-14　霍尔式无刷直流测速发电机的结构与原理图

2. 旋转编码器

旋转编码器俗称码盘，它是一种旋转式测量装置，通常安装在被测轴上，随被测轴一起转动，用以测量转动量（主要是转角），并把它们转换成数字形式的输出信号。旋转编码器有两种基本形式，即增量式编码器和绝对式编码器（常被称为增量码盘和绝对值码盘）。根据工作原理和结构，编码器又分为接触式、光电式和电磁式等类型。其中接触式是一种最老的转角测量元件，目前已很少采用。光电式编码器是目前用得较多的一种，它没有触点磨损，允许转速高，精度高，缺点是结构复杂，价格贵。电磁式编码器同样是一种无接触式的码盘，具有寿命长、转速高、精度高等优点，是一种有发展前途的直接编码式测量元件。下面只重点介绍在电梯系统中常用的光电式编码器。

（1）光电式增量编码器

光电式增量编码器的结构原理如图 8-15 所示。图 8-15a 中的最大部分是一个圆盘，圆盘上刻有节距相等的辐射状窄缝，故称为窄缝圆盘，节距为 L。与圆盘对应的还有两组检测窄缝（Ⅰ组与Ⅱ组），它们的节距和圆盘上的间距是相等的。检测窄缝与圆盘的配置如图 8-15b 所示。Ⅰ、Ⅱ两组检测窄缝的位置错开 1/4 节距，其目的是使 A、B 两个光电转换器的输出信号在相位上相差 90°。两组检测窄缝是固定不动的，圆盘与被测轴相连。

当圆盘随着被测轴转动时（检测窄缝不动），光线便透过圆盘窄缝和检测窄缝照到光电转换器 A 和 B 上，于是 A 和 B 就输出两个相位相差 90°的近似正弦波的电信号，电信号经过逻辑电路处理、计数后就可以辨别转动方向，得到转角和转速。

光电式编码器的信号波形如图 8-16 所示，信号处理电路框图如图 8-17 所示。

从图 8-15 可以看出，在图示位置基础上正转时（顺时针方向），通过Ⅱ组检测窄缝的光从中间值开始越来越少，而反转时通过Ⅱ组检测窄缝的光越来越多。从图示位置开始，无论正转或反转，通过Ⅰ组检测窄缝的光都是由最少到最多。

若圆盘正转，则光电转换器输出信号的相位关系和波形如图 8-16 所示，信号 b 比 a 超前 90°，经过逻辑电路只输出正转的脉冲信号 f。反转时，a 超前 b90°，波形如图 8-16 所示，此时只输出反转脉冲信号。这些脉冲送给可逆计数器累计，就可测出旋转角度。若记下单位时间内的脉冲数，就可以测量转速。需要说明的是，增量式码盘输出的数字是表示相对于某个基准点的相对转角，即对于这个基准位置码盘所增加（或减少）的角度数量，所以称为增量式码盘。

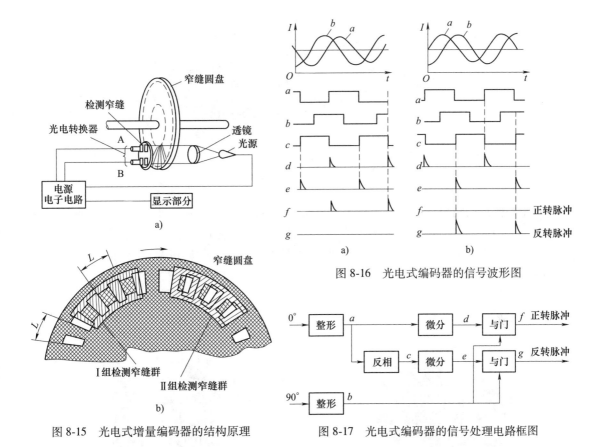

图 8-15 光电式增量编码器的结构原理

图 8-16 光电式编码器的信号波形图

图 8-17 光电式编码器的信号处理电路框图

码盘的分辨能力主要取决于码盘转一周时产生的脉冲数。圆盘上分割的窄缝越多，产生的脉冲数就越多，分辨力也就越高。增量式码盘一般每转可产生 500~5000 个脉冲，最高可达几万个脉冲。分辨力高的码盘，直径也大，可以分割到更多的缝隙。此外，对光电转换器输出信号进行逻辑处理，可以得到两倍频和四倍频的脉冲信号，从而提高码盘的分辨力。通常称这种倍频电路为电子细分线路。

码盘的分辨能力还可以用它所能分辨到的最小角度来表示，即每一个脉冲所对应的圆心角，通常称为测量精度。例如：某个码盘，转一周时输出的脉冲数为 1024 个（即窄缝数），则其分辨角为（°/脉冲）= 0.352°，码盘的分辨角度越小，则分辨力越高。

（2）绝对式（绝对值）编码器

绝对式编码器由三大部分组成（见图 8-18），它包括旋转的码盘、光源和光电器件。码盘上有按一定规律分布的由透明和不透明区构成的光学码道图案，它们是由涂有感光乳剂的玻璃质（水晶）圆盘利用光刻技术制成的。光源是超小型的钨丝灯泡或者是一个固定光源。检测光的元件是光电二极管或光电晶体管等光电器件。

光源的光通过光学系统，穿过码盘的透光区，最后与窄缝后面的一排径向排列的光敏器件耦合，使输出为逻辑"1"；若被不透明区遮挡，则光敏器件输出低电平，代表逻辑"0"。对于码盘的不同位置，每个码道都有自己的逻辑输出，各个码道的输出编码组合就表示码盘的这个转角位置。

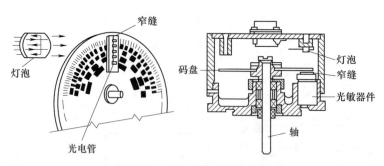

图 8-18　光电式绝对式编码器

对于各码道的输出信号，有几种不同的编码方式。图 8-19 为二进制编码盘，每一个码道代表二进制的一位，最外层的码道为二进制的最低位，越向里层的码道其代表的位数即"权"越高，最高位在最里层。之所以这样分配是因为最低位的码道要求分割的明暗段数最多，而最外层周长最大，容易分割。显然，码盘的分辨力与码道多少有关。如果用 N 表示码盘的码道数目，即二进制位数。

目前绝对值码盘一般为 19 位，高精度的可达 21 位。

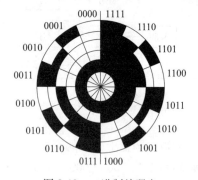

图 8-19　二进制编码盘

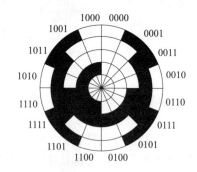

图 8-20　二进制循环码盘（格雷码盘）

采用二进制编码有一个严重的缺点，即在两个位置交换处可能产生很大的误差。例如，在 0000 和 1111 相互换接的位置，可能出现从 0000~1111 的各种不同的数值，因而引起很大的误差。在其他位置也有类似的现象。这种误差叫非单值性误差或模糊。对这种现象可以采用特殊代码来消除。常用的一种编码方法叫循环码（例如格雷码）。采用二进制循环码——格雷码的码盘示意图如图 8-20 所示。循环码是无权码，其特点为相邻两个代码间只有一位数变化，即二进制数有一个最小位数的增量时，只有一位改变状态，因此产生的误差不超过最小的"1"个单位。但是，将格雷码转换成自然二进制码需要一个附加的逻辑处理转换装置。

8.3.2　位置检测装置

在电梯运行过程中，为获取轿厢的位置、速度、运行方向等信号，完成对电梯的控制，需要设置许多电子开关、机械开关和检测装置。通过这些开关和检测装置测出电梯运行状态也是影响电梯性能的最重要的控制信号，这些信号包括：强迫换速、急停、门机控制、检修与照明、层站显示、门厅呼梯、校正、换速与平层等。其中换速平层信号用于调速装置的控制，有着严格的时间和空间的关系，是影响电梯性能的最重要信号。

在电梯中经常使用的位置检测装置按照传感器的类型可分为接触式和非接触式两种。接触式传感器能够获取两个物体是否已经接触的信号；而非接触式传感器能够判别在某一个范围内是否有某一物体存在或通过光、磁等信号辨别运动物体的位置。

接触式传感器多用行程开关和微动开关等触点器件构成。在电梯系统中多用于接触式门保护和限位保护中。行程开关的结构如图8-21所示。当生产机械的运动部件与挡块1或推杆2碰撞时，使动断（常闭）触点3、动合（常开）触点4动作，并使触点的原有状态发生变化，进而将有关的电信号送出。触点的通断速度与运动部件推动挡块或推杆的速度有关。

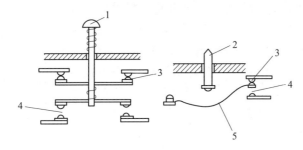

图8-21　行程开关的结构

1—挡块　2—推杆　3—动断触点　4—动合触点　5—弹簧片

1. 微动开关

由微动开关组成的位置传感器具有体积小、质量轻、工作灵敏等特点，经常用于检测物体位置的传感器构造和分布形式如图8-22所示。

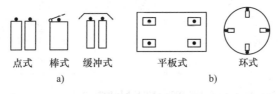

点式　棒式　缓冲式　　　平板式　　　　环式

a)　　　　　　　　　　　　b)

图8-22　微动开关

a）构造　b）分布形式

2. 非接触式传感器

在电梯运行中，为使轿厢到达预定停靠站，需要提前一定的距离把快速运行的电梯速度切换为平层前的慢速运行，这种平层时自动停靠的控制装置称为换速平层装置（也称井道信息装置）。为了便于与继电器配合，传感器最常用干簧管传感器和双稳态磁开关。前者使用隔磁板（也称桥板）进行隔磁，后者使用圆形永久磁铁（也称磁豆）进行触发。

干簧管传感器：20世纪80年代中期前采用永磁式干簧管传感器作为开关器件的换速平层装置。其中隔磁用的铁板称为隔磁板或桥板，它们通过支架固定在导轨上。当轿厢运动时；安装在轿厢顶部的干簧管U形槽恰好使隔磁板通过，从而引起干簧管的触点切换。干簧管传感器与隔磁板的位置如图8-23所示。

换速平层装置中的换速传感器和平层传感器在结构上是相同的，均由壳体、永久磁铁和干簧管三部分组成。这种传感器相当于一只永磁式继电器，也称为永磁感应开关或干簧管传感器，其结构和工作原理如图 8-24 所示。图 8-24a 表示未放入永久磁铁 2 时，干簧管 3 的触点由于没有受到外力的作用，其常开触点 4 是断开的，常闭触点 5 是闭合的。图 8-24b 表示把永久磁铁 2 放进传感器后，干簧管的常开触点 4 闭合，常闭触点 5 断开，这一情况相当于电磁继电器得电动作。图 8-24c 表示当外界把一块具有高磁导率的隔磁板 7 插入永久磁铁和干簧管之间时，由于永久磁铁所产生的磁场被隔磁板旁路，干簧管的常闭触点 5 失去外力的作用，恢复到图 8-24a 的状态，这一情况相当于电磁继电器失电复位。根据干簧管传感器这一工作特性和电梯运行特点设计制造出来的换速平层装置，利用固定在轿架或导轨上的传感器与隔磁板之间的相互配合，可以实现位置检测功能，为各种控制方式的电梯提供了预定停靠站时提前一定距离换速、平层停靠的控制信号。提前换速点与停靠站楼面的距离与电梯的额定运行速度有关，速度越快，距离越长。

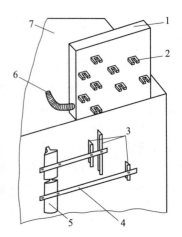

图 8-23 干簧管传感器
与隔磁板的位置

1—平层装置 2—传感器 3—隔磁板 4—支架 5—导轨 6—接线软管 7—轿厢顶

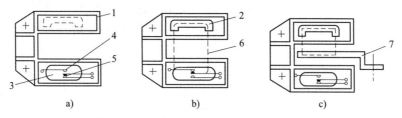

图 8-24 干簧管传感器的结构与工作原理

a）放入永久磁铁之前 b）放入永久磁铁之后 c）插入隔磁板之后

1—壳体 2—永久磁铁 3—干簧管 4—常开触点 5—常闭触点 6—磁力线 7—隔磁板

8.4 交流调压调速电梯的速度闭环控制

一般的交流双速电梯结构简单可靠，但其制动时加速度大，运行不平稳，性能不如直流调速电梯。因此随着电力电子器件和控制技术的发展，对交流电梯中的交流感应电动机采用速度反馈的闭环控制，在电梯的运行中不断检查其运行速度是否符合理想的速度曲线要求，并用晶闸管装置取代起、制动用电阻、电抗器，从而控制起、制动电流，以达到起、制动舒适以及运行平稳的目的。

交流调速电梯在运行的各个阶段控制

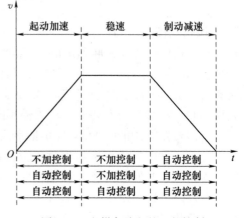

图 8-25 电梯各阶段的运行控制

方式大致有三种，如图 8-25 所示。从图中可以看出，不管何种控制形式的交流调速系统，其制动过程总是要加以控制的，电梯的减速制动是电梯运行控制中的一个重要环节，就其制动过程的控制而言，其制动的方式有能耗制动、涡流制动器制动和反接制动等。无论哪一种制动方式，其制动原则都是按距离（或模拟按距离）制动，直接停靠楼层平面，电梯的平层精确度可控制在 ±10mm 之内。这种系统由于无低速爬行时间，使电梯的总输送效率大大提高，梯速可超过 1m/s，最大可达 5m/s。

8.5 变频调速电梯的速度闭环控制

根据电机学公式可知，交流异步电动机的转速是施加于定子绕组上的交流电源频率的函数，均匀且连续地改变定子绕组的供电频率，可平滑地改变电动机的同步转速。但是根据电梯为恒转矩负载的要求，在变频调速时需保持电动机的最大转矩不变，维持磁通恒定。这就要求定子绕组供电电压也要作相应的调节。因此，其电动机的供电电源的驱动系统应能同时改变电压和频率。即对电动机供电的变频器要求有调压和调频两种功能，使用这种变频器的电梯常称为 VVVF 型电梯。

变频器可以分为交-交变频器和交-直-交变频器两大类，其原理框图如图 8-26 所示。前者的频率只能在电网频率以下的范围内进行变化，而后者的频率是由逆变器的开关元件的切换频率所决定的，即变频器的输出频率不受电网频率的限制。

图 8-26 变频器原理框图

交-交变频器的工作原理如图 8-27 所示。它由两组反并联的整流器 P 和 N 所组成。经适当的"电子开关"按一定的频率使 P 组和 N 组轮流向负载 R 供电，负载 R 就可获得变化了的输出电压 u_c。u_c 的幅值是由各组变流器的触发延迟角 α 所决定的。u_c 的频率变化由"电子开关"的切换频率所决定。而"电子开关"由电源频率所控制，u_c 的输出波形由电源变流后得到。

交-直-交变频器的工作原理如图 8-28 所示。变频器先将三相交流电整流后得到幅值可变的直流电压 U_d，然后经过开关元件 1、3 和 2、4 轮流切换导通，则负载 R 就可获得幅值和

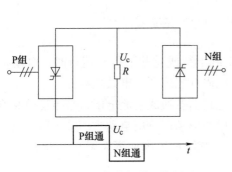

图 8-27 交-交变频器工作原理

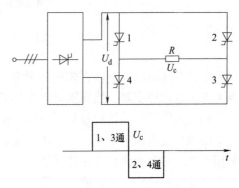

图 8-28 交-直-交变频器工作原理

频率均可变化的交流输出电压 u_c，其幅值由整流器输出的直流电压 U_d 所决定，其频率由逆变器的开关元件的切换频率所决定。

8.6 VVVF 电梯的拖动控制系统

对于电动机的变频器，一般都要求兼有调压和调频两种功能。变频变压调速（简称 VVVF）就是通过改变交流感应电动机供电电源的频率而调节电动机的同步转速，使转速无级调节。VVVF 调速范围较大，是交流电动机较合理的调速方法，通过改变施加于电动机进线端的电压和电源频率来调节电动机的转速。使用变频器进行调速的电梯称为 VVVF 型电梯，如图 8-29 所示。

第一单元：根据来自速度控制部分的转矩指令信号，对应供给电动机的电流进行运算，产生出电流指令运算信号；

第二单元：将经数/模转换后的电流指令和实际流向电动机的电流进行比较，从而控制主回路转换器的 PWM 控制器；

第三单元：将来自 PWM 控制部分指令电流供给电动机的主电路控制部分。

VVVF 主电路构成部分：

1）将三相交流电变换成直流的整流器部分。

2）平滑直流电压的电解电容。

3）电动机制动时，再生发电的处理装置以及将直流转变成交流的大功率逆变器部分。

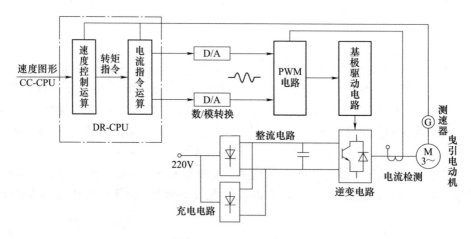

图 8-29　交流变频变压调速（VVVF）系统 A

当电梯减速时以及电梯在较重的负荷下（如空载上行或重载下行）运行时，电动机将有再生电能返回逆变器，然后用电阻将其消耗——电阻耗能式再生电处理装置。

三相交流电压经晶体管整流器及输入侧的交流电抗器变换成直流电压，晶体管逆变器再将它变换成可变电压可变频率的三相交流电压，供电给驱动用感应电动机。整流器和逆变器均采用高压大容量的大功率晶体管模块，由于采用正弦波输出脉冲宽度调制（SPWM），输入电流和输出电流均为正弦波，如图 8-30 所示。

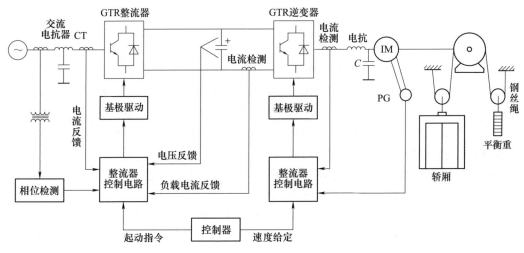

图 8-30　交流变频变压调速（VVVF）系统 B

8.7　电梯速度曲线的产生与速度闭环控制

变频调速电梯拖动控制系统主要由速度给定、速度反馈和速度闭环控制三个环节组成。

为了保证电梯运行的舒适性和平层的准确性，电梯应按预定的速度曲线运行。在第 7 章中介绍了电梯速度曲线的设计方法，这里介绍速度曲线是如何实现的，以及如何实现速度闭环控制。

1. 电梯速度曲线的产生

计算速度曲线的方法有在线计算和离线计算。

在线计算又称即时计算，这种方法是：预先将设计好的速度曲线公式编写成计算机程序，在电梯运行时不断地计算出下一个工作点的速度值作为速度给定送给速度闭环部分。在线计算要求速度闭环控制计算机有冗余的运算能力。

离线计算又称速度曲线表法，它是先将速度曲线按一定的时间间隔（例如 10ms）计算出一系列速度值，把它们预先写到存储单元中，当接收到信号控制系统送来的开始起动运行指令时，将存储的数据按预定的时间间隔逐个取出，将其作为速度给定送给速度闭环部分。离线计算法减少了在线计算的负担，但要求增加存储单元的存储容量。

2. 速度闭环控制

实现速度闭环控制大致有三种做法：一是数字量内部传递，这时速度曲线的产生与闭环控制由同一个 CPU 完成，产生的速度给定值就直接与反馈的实际速度值相减并进行PID（或其他控制算法）的控制运算，进而实施控制；二是数字量外部传递，这时速度曲线的产生与闭环控制分别由不同的 CPU 完成，产生的速度给定值通过电路板上的数据线或外部的接线端子传递给闭环控制 CPU；三是模拟量外部传递，这种情况主要发生在变频器要求模拟量的速度给定时，这时，需要由一个速度曲线发生器产生速度曲线，并将其转换成模拟量，再将该模拟量送到变频器的速度给定端，由变频器的 CPU 进行速度闭环控制。

8.8 永磁同步电梯闭环控制系统

永磁同步电动机具有体积小、惯性低、效率和功率因数高等显著特点。用其构成的电梯控制系统具有的优点是：谐波噪声较小，电梯系统舒适感更好；与同容量的异步电动机、直流电动机相比，可以在低速下产生足够大的转矩；由于永磁同步电动机转子没有损耗，所以效率更高。因此永磁同步电动机的无齿轮传动系统成为目前电梯电力拖动系统发展的方向。

1. 永磁同步电梯闭环控制系统的构成

电梯的电气控制系统可分为通信、信号控制与拖动控制两大部分。其中电梯的拖动控制部分如图 8-31 所示，它由永磁同步电动机、编码器、电流控制器、逆变器组成。永磁同步电动机拖动系统采用矢量控制原理，实现了电流和速度的双闭环控制，较好地实现了同步电动机的低速控制，有良好的抗扰性能，满足了无齿轮电梯电气拖动系统的要求。电梯控制系统对位置反馈信号要求很高，特别是同步电动机低速运行时，位置信号的误差对系统性能有很大的影响。本系统采用进口高精度编码器作为位置传感器。

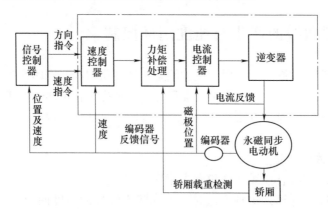

图 8-31 永磁同步电梯闭环控制系统结构框图

2. 系统控制原理

系统采用矢量控制原理，将电动机模型建立在与转子磁链同步旋转的旋转坐标上，分别对速度、转矩实现闭环控制。双闭环系统中外环为速度环，内环为电流环。转矩控制在电流环上实现，采用最大转矩控制方法。

矢量控制原理：矢量控制的基本思想是将交流电动机的电流矢量分解成两个互相垂直、彼此独立的产生磁通的励磁电流分量和产生转矩的转矩电流分量，使得交流电动机的转矩控制和直流电动机相似。矢量控制的关键在于对电流矢量的幅值和相位的控制，目的是通过控制定子电流来控制转矩。永磁同步电动机转子磁链恒定不变，一般采用转子磁场定向的矢量控制方法，转子磁场定向矢量控制原理是将 d-q 轴坐标系放在同步旋转磁场上，把静止坐标系中各交流分量转化为旋转坐标系中的直流量，d 轴与转子磁场方向重合，转子磁通 q 轴分量为零。从电磁转矩方程可以看出，当永磁体的励磁磁链和直、交轴电感确定后，电动机的转矩便取决于定子电流的空间矢量。在矢量控制中，与直流电动机类似，转矩电流和转矩大小成正比，称为电动机的励磁电流，可以根据实际的控制要求设定。在永磁同步电梯控制系统中，永磁同步电动机采用转子磁场定向矢量控制。矢量控制系统框图如图 8-32 所示。

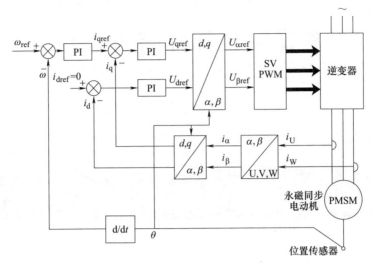

图 8-32　永磁同步电梯矢量控制系统框图

本 章 小 结

电梯的控制主要是指对电梯原动机及开门机的起动、减速、停止、运行方向、指层显示、层站召唤、轿厢内指令、安全保护等指令信号进行管理。早期大多采用继电器逻辑电路，接线复杂、故障率高。现在已被可编程序控制器及微型计算机所取代，通过软件实现对输入输出信号的处理，便于设计、通用性好、运行可靠。

习题与思考

8-1　为什么永磁同步无齿轮曳引电梯将成为交流电梯的主流产品？

8-2　为什么交流变频调速电梯能取代直流调速电梯？

8-3　简述交流电梯的调速方式。

8-4　简述变压变频调速原理。

第 3 篇

电梯安全部件与管理篇

第 9 章

机械安全保护装置设计

9.1　概述

如果悬吊电梯轿厢的钢丝绳断开，会有什么样的安全装置来保证乘用人员和电梯设备的安全呢？实际上这是不可能发生的。因为悬吊电梯轿厢的钢丝绳，除杂物电梯外，一般都不少于三根，其安全系数均不小于 12，所以若干根钢丝绳同时断开、造成轿厢坠落下去的事故是绝对不会发生的。但是由于使用不当或机电系统故障，如超载或制动器等某些机件的毁坏，造成轿厢超过额定速度向下坠落，导致墩底事故发生是可能的。

为了确保乘用人员和电梯设备的安全，采用了限速装置和安全钳，这是防止轿厢或对重装置意外坠落的安全设施之一。

电梯的安全保护装置分为机械保护、电气保护和安全防护三大类。机械保护有起限速作用的限速器和安全钳；作为电梯安全保护的最后一道防线的缓冲器；起层门保护作用的机械电气联锁装置的门锁。其中有些装置与电气保护配合共同承担保护任务。电气保护装置除有些与机械保护装置协同工作外，还有一些是电气系统的自身保护，如电动机短路保护、过载保护、接地接零保护、错断相保护等。安全防护有机械设备的防护，如曳引轮、滑轮、链轮等机械运动部件防护以及各种护栏、罩、盖等安全防护装置。

电梯的机械安全保护系统除已述及的制动器、层门和轿门、安全触板、门锁、层门自闭装置外，还有上下行超速保护装置、缓冲器、机械防护装置等。

9.1.1　限速器

当电梯的运行速度超过额定速度一定值时，限速器动作能切断安全回路或进一步导致安全钳或上行超速保护装置起作用，使电梯减速直到停止的自动安全装置。

限速器用来测定轿厢的实际运行速度。

当电梯实际运行速度达到额定速度的 115% 时，限速器上的联动机构首先将非自动复位开关触点断开，从而断开安全电路，然后通过限速器绳带动安全钳动作。

限速器动作发生在速度 v_a 至少为额定速度 v 的 115%时，但应小于 $1.25v+0.25/v$，即

$$115\%v \leqslant v_a \leqslant 1.25v + \frac{0.25}{v}$$

限速器出厂时的动作速度整定铅封应保持完好，不得随意拆封和调整。

9.1.2　安全钳

安全钳是一种使轿厢（或对重）停止运动的机械装置。凡是采用曳引传动载人电梯的轿厢均需设置安全钳。当底坑下方有可进人的通道或空间时，对重也需设置安全钳。安全钳设在轿厢架下横梁或上梁上（最好设在上梁），钳口成对地同时在导轨上作用。当电梯失控轿厢超速下降时，这时就有限速器和安全钳装置使电梯停止下降，从而使电梯安全地停在井道某个位置。限速器和安全钳一起组成轿厢快速停止的装置。限速器是检测轿厢（或对重）速度的装置，通常安装在机房内、井道顶部或井道底坑，通过限速器钢丝绳与安装在轿厢（或对重）的安全钳连接。安全钳安装在轿厢的两侧，它们之间由钢丝绳和拉杆连接。

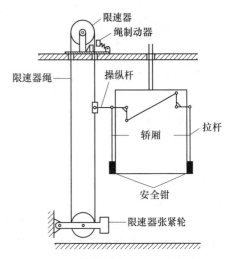

图 9-1　限速器安装位置示意图

限速器和安全钳必须联合动作才能起限速作用。当轿厢超速达到限速器整定的速度时，限速器停止转动。限速器钢丝绳借助与绳轮的摩擦力或夹绳机构的夹紧力提拉起安装于轿厢（或对重）的安全钳操纵机构，如图 9-1 所示，使轿厢两边安全钳的楔块同步提起，夹住导轨，超速的轿厢被制停。

安全钳动作时，限速器的超速开关或安全钳的安全开关都会先后断开控制电路，使曳引机制动器失电制动。只有当所有安全开关复位，轿厢向上提起时，才能释放安全钳。安全钳恢复到正常状态，电梯方可重新使用。

限速器和安全钳种类很多，常见的限速器有抛块式限速器、抛球式限速器；安全钳有瞬时式安全钳（用于低速梯）和渐进式安全钳。它们共同的功能就是制止轿厢失控下滑。当轿厢超速下降时，轿厢的速度立即反映到限速器上，使限速器的转速加快，当轿厢的运行速度达到 115%的额定速度时，限速器开始动作，分两步迫使电梯停下来。第一步是限速器会立即通过限速器开关切断控制电路使电动机和电磁铁制动器失电，曳引机停止转动，制动器牢牢卡住制动轮使电梯停止运行。如果这一步没有达到目的，电梯还是超速下降，这时限速器进行第二步制动，即限速器立即卡住限速器钢丝绳，此时限速器钢丝绳停止运动，而轿厢还是下降，这样钢丝绳就拉动安全钳拉杆，提起安全钳楔块，楔块牢牢夹住导轨。一般情况下限速器动作的第一步就能避免事故的发生，应尽量避免安全钳动作，因为安全钳动作后安全钳楔块将牢牢地卡在导轨上，将会在导轨上留下伤痕，损伤导轨表面。所以一旦安全钳动作了，维修人员在恢复电梯正常后，将会修锉一下导轨表面，使表面保持光洁、平整，以避免电梯运行中产生误动作。为了防止绕在限速器上的钢丝绳断裂或钢丝绳张紧装置失效，在张紧装置上装有断绳开关。一旦限速器绳断

裂或张紧装置失效，断绳开关动作，同样切断控制电路。该装置使轿厢运行速度正确无误地反映到限速器上，从而保证了电梯正常运行。

渐进式安全钳楔块组件提拉力：

$$F_1 = Gg(1 + f_1\cos\gamma) \times 2$$

式中　G——楔块重（kg）；

$\quad\quad f_1$——楔块与钳座静摩擦系数；

$\quad\quad \gamma$——楔角（°）。

9.1.3　夹绳器

一种上行超速保护装置。当电梯上行超速时，通过夹紧曳引钢丝绳，使电梯减速的装置，如图 9-2 所示。

图 9-2　夹绳器

9.2　轿厢下行超速保护装置

限速器装置由限速器、钢丝绳、张紧装置三部分构成。当轿厢上下运行时，轿厢通过钢丝绳驱动限速器绳轮往复运转。轿厢的运行速度超过额定运行速度的 115% 时，限速器甩锤或甩球的离心力增大，通过连杆、弹簧等传动机构卡住钢丝绳。由于轿厢仍向下移动，相当于钢丝绳把安全钳的绳头拉手提起来。被提起来的绳头拉手一方面通过安全钳的传动机构、拉杆把安全钳的楔块提起来，把轿厢卡在导轨上；另一方面在安全钳卡住轿厢前碰打着位于限速器和轿架上梁的电气开关，切断电梯的交、直流控制电源，使曳引电动机和制动器电磁线圈失电，制动器制动，曳引机立即停止运转，如图 9-3 所示。

限速器按结构形式分为刚性甩锤式限速器、甩球式限速器及弹性甩锤式限速器三种，如图 9-4 所示，它们又分别分为单向和双向两类。其中甩球式已于 20 世纪 80 年代中后期停止生产。

刚性甩锤式限速器的甩锤装在限速器绳轮上，电梯运行时，轿厢通过钢丝绳带动限速器绳轮转动起来。轿厢运行速度升高时，甩锤的离心力增大，运行速度达到额定速度的 115% 以上时，甩锤的突出部位挂着锤罩的突出部位，推动绳轮、锤罩、拨叉、压绳舌往前走一个角度后，把钢丝绳卡在绳轮槽和压绳舌之间，使钢丝绳停止移动，从而把安全钳的楔块提起来，于是把轿厢卡在导轨上。

在电梯产品中，20 世纪 80 年代中期以前刚性甩锤式限速器被用在 $v<1.0\text{m/s}$ 的低速电梯上。80 年代中后期，一般电梯产品多采用弹性甩锤式限速器。限速器的动作速度与轿厢运行速度的关系：根据 GB 7588—2020 的规定，限速器动作应发生在速度至少等于额定速度的 115%，但应小于下列值。

1）对于除了不可脱落滚柱型以外的瞬时式安全钳装置为 0.8m/s。

2）对于不可脱落滚柱型瞬时式安全钳装置为 1.0m/s。

3）对于额定速度小于或等于 1.0m/s 的渐进式安全钳装置为 1.5m/s。

4）对于额定速度大于 1.0m/s 的渐进式安全钳装置为 $1.25v+0.25/v$，应尽量选用接近该值的最大值。

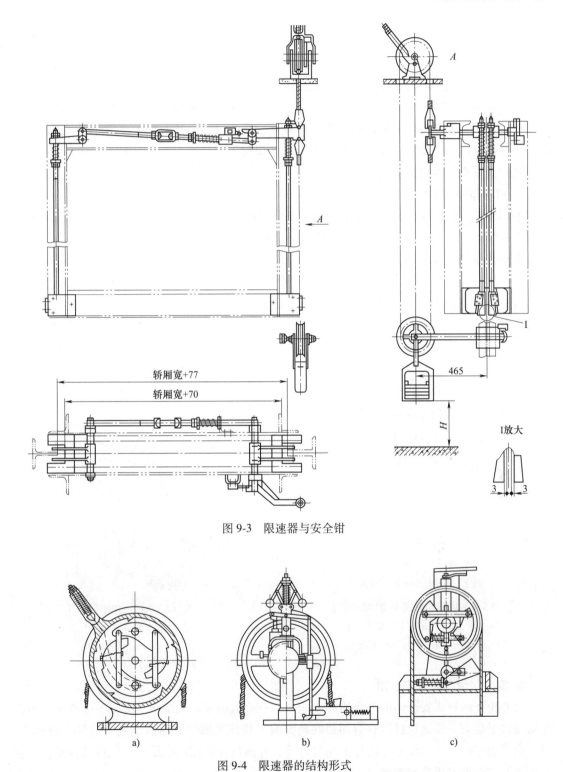

图 9-3　限速器与安全钳

图 9-4　限速器的结构形式

a）刚性甩锤式限速器　b）甩球式限速器　c）弹性甩锤式限速器

9.2.1 瞬时式安全钳

瞬时式安全钳的特点是制停距离短，轿厢承重冲击厉害。在制停过程中，楔块或其他形式的卡块将迅速地楔入导轨表面，从而使轿厢停止。滚柱型瞬时式安全钳的制停时间约在 0.1s 左右；而双楔瞬时式的瞬时制停力最高的脉冲宽度只有 0.01s 左右，整个制停距离也只有几十毫米，乃至几毫米。轿厢的最大制停减速度为 $5 \sim 10g$，甚至更大。因此我国规定，瞬时式安全钳只适用于额定速度不超过 0.63m/s 的电梯。

瞬时式安全钳有以下三种类型。

1. 楔块型瞬时式安全钳

如图 9-5、图 9-6 所示是楔块型瞬时式安全钳的结构和示意图。钳体一般由铸钢制成，安装在轿厢架的下（或上）梁上，每根导轨分别由两个楔形钳块夹持（双楔型），也有只有一个楔块动作的（单楔型）。

为了增加楔块与导轨之间的摩擦系数，常将楔块与导轨相对的一面加工有花纹。为提高制动效果，应使楔块与钳体之间的摩擦尽量减少，可在它们之间设置表面经淬硬的镀铬滚柱。当安全钳动作时，楔块在滚柱上相对钳体运动。双楔型安全钳动作过程中对导轨损伤较小，制动后易于解脱，因此应用较广泛。

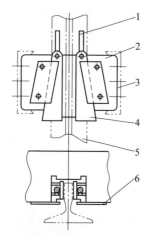

图 9-5　楔块型瞬时式安全钳的结构

1—拉杆　2—安全嘴　3—轿架下梁
4—楔块　5—导轨　6—盖板

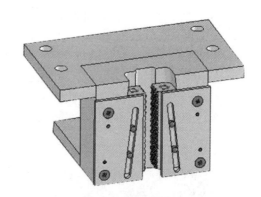

图 9-6　楔块型瞬时
式安全钳的示意图

2. 偏心轮型瞬时式安全钳

偏心轮型瞬时式安全钳的每个钳体由两个带有半齿的偏心轮组成，如图 9-7 所示。通常在偏心块上装有一根提拉杆，它有两根联动的偏心轮连接轴，轴的两端用键与偏心轮相连。当安全钳动作时，两根偏心轮连接轴相对转动，并通过连杆使四个偏心轮保持同步动作。偏心轮的复位由弹簧机构来实现。

应用这种类型的安全钳，偏心轮接触导轨的面积很小，接触面的压力很大，动作时往往使齿或导轨表面受到破坏。

3. 滚柱型瞬时式安全钳

滚柱型瞬时式安全钳常用在低速重载的载货电梯上。如图9-8所示,当提拉杆提起时,经淬硬处理带滚花的钢制滚柱在钳体的楔形槽内向上滚动,当滚柱贴上导轨时,钳座就在钳体内做水平移动,这样就消除了导轨另一侧的间隙。为了使两列导轨上的滚柱同时动作,两边连杆同用一根公共轴。

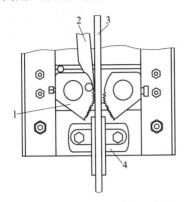

图9-7 偏心轮型瞬时式安全钳

1—偏心轮 2—提拉杆 3—导轨 4—导靴

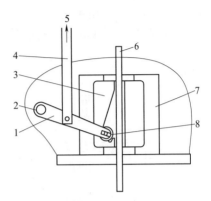

图9-8 滚柱型瞬时式安全钳

1—拉杆 2—支点 3—爪 4—操纵杆
5—加力方向 6—导轨 7—钳体 8—滚子

9.2.2 渐进式安全钳

渐进式安全钳与瞬时式安全钳结构上的主要区别在于钳体是弹性夹持型。安全钳动作时,轿厢有相当长的制停距离,这样轿厢的制停减速度小。要求轿厢在制停过程中的平均减速度在 $0.2 \sim 1.0 \text{m/s}^2$。渐进式安全钳的安全嘴部分,主要由安全箍、外壳、塞铁、滚筒器、楔块等构成。

常用的渐进式安全钳有以下几种结构形式。

1. 弹性导向夹钳式安全钳

如图9-9所示,夹持件为两个楔块,楔块正面有滚花,背面有滚柱组,滚柱可在钳体与

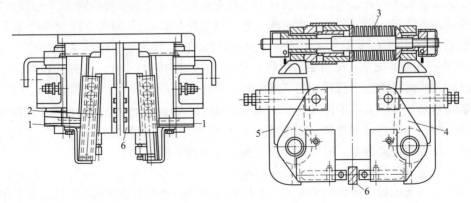

图9-9 弹性导向夹钳式安全钳

1—滚柱组 2—楔块 3—蝶形弹簧组 4—钳座 5—钳臂 6—导轨

楔块之间滚动。当提拉杆将楔块向上提起时，楔块背面滚柱组随动。楔块与导轨面接触后，楔块相对钳体继续上滑，一直到被限位板阻挡才停止，此时楔块夹紧力达到预定的最大值，形成一个不变的制动力，使轿厢以较低的减速度平滑制动。最大夹持力可由钳臂尾部的弹簧（螺旋式或蝶形弹簧）预定的行程确定。

2. U形板弹簧安全钳

如图9-10所示，其钳座是由钢板焊接而成的，钳体由U形板弹簧限制。楔块被提起夹持导轨后，钳体张开，直至U形板弹簧张开至极限位置。其夹持力的大小由U形板弹簧的变形量确定。

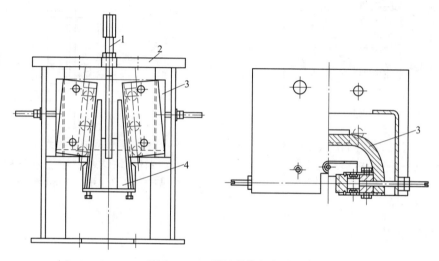

图9-10 U形板弹簧安全钳

1—提拉杆 2—焊接式钳座 3—U形板弹簧 4—楔块

9.3 轿厢上行超速保护装置

轿厢上行超速保护装置是防止轿厢冲顶的安全保护装置，是对电梯安全保护系统的进一步完善。因为轿厢上行冲顶的危险是存在的，在对重侧的重量大于轿厢侧时，一旦制动器失效或曳引机齿轮、轴、键、销等发生折断，造成曳引轮与制动器脱开，或由于曳引轮绳槽磨损严重，造成曳引绳在曳引轮上打滑。这些都可能造成轿厢冲顶事故的发生。因而GB 7588—2020中5.6.6规定：曳引驱动电梯应装设上行超速保护装置，该装置包括速度监控和减速元件，应能检测出上行轿厢的速度失控，当轿厢速度大于等于电梯额定速度的115%时，应能使轿厢制停，或至少使其速度下降至对重缓冲器的设计范围；该装置应该作用于轿厢、对重、钢丝绳系统（悬挂绳或补偿绳）或曳引轮上。而该装置动作时，应使电气安全装置动作，使控制电路失电，电动机停止运转，制动器动作。

轿厢上行超速保护装置按其制停和减速装置所作用的位置不同，可以分为安装在轿厢、对重、钢丝绳及曳引轮上四种实施方式。上行超速保护装置对电梯实施上行超速保护的时间较短，目前仍在完善中。速度监控装置可以采用其中一种：①上行限速器；②带上行超速保护开关的限速器；③双向限速器。

9.3.1　用双向安全钳或上行安全钳来使轿厢制停或减速的方式

　　该方式的限速器一般采用双向限速器进行速度监控。如图9-11所示。双向安全钳是上、下行超速保护装置同用一套弹性元件和钳体，以及上行制动力和下行制动力可以单独设定的安全钳，如图9-12、图9-13所示。上行安全钳由于没有制动后轿厢地板倾斜不大于5%的要求，因此它可以成对配置也可以单独配置。这种方式也是一种较为成熟的方式，是有齿曳引电梯较为理想的方案。

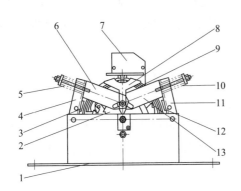

图9-11　双向限速器

1—底板　2—制动棘轮　3—上向压块　4—上向压杆
5—上向压紧弹簧　6—上向触杆　7—双向电气开关
8—双向开关拨架　9—绳轮　10—下向压紧弹簧
11—下向压杆　12—下向压块　13—下向触杆

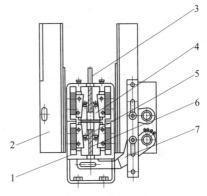

图9-12　双向安全钳

1—安全钳壳体　2—轿厢侧梁
3—下向安全钳拉杆　4—下向楔块
5—上向楔块　6—上向拉杆
7—上向安全钳拉手

图9-13　双向限速器三维图

9.3.2　采用对重限速器和安全钳的方式

　　上行超速保护装置包括速度检测和减速部件，应能检测出上行轿厢的超速，并能使轿厢制停，或至少使轿厢速度降低至对重缓冲器的设计范围。该装置应在下列工况有效：

　　1）正常运行。

2）手动救援操作，除非可以直接观察到驱动主机或通过其他措施限制轿厢速度低于额定速度的 115%。

人能到达对重下方空间时应加装限速器安全钳制动系统，其安全钳可成对配置，也可以单独配置。但是上行超速保护装置的限速器和安全钳系统也必须有一个电气安全装置在其动作时动作，使制动器失电抱闸，电动机停转。

在使用驱动主机制动器的情况下，自监测包括对机械装置正确提起（或释放）的验证和（或）对制动力的验证。对于采用对机械装置正确提起（或释放）验证和对制动力验证的，制动力自监测的周期不应大于 15 天；对于仅采用对机械装置正确提起（或释放）验证的，则在定期维护保养时应检测制动力；对于仅采用对制动力验证的，则制动力自监测周期不应大于 24h。

9.3.3 采用钢丝绳制动器的方式

它一般安装在曳引轮和导向轮之间，通过夹绳器夹持悬挂着的曳引钢丝绳使轿厢减速。如果电梯有补偿绳，夹绳器也可以作用在补偿绳上。夹绳器可以机械触发也可以电气触发，触发的信号均可用限速器上向机械动作或上向电气开关动作来实现。这种方式灵活，适合旧梯改造时选用。

9.3.4 采用制动器的方式

这种方式一般只适用于无齿轮曳引机驱动的电梯，而且制动器必须是安全型制动器，也就是符合 GB 7588—2020 要求的制动器，它是将无齿轮曳引机制动器作为减速装置，减速信号一般由限速器的上行安全开关动作时实现电气触发。这种方案是无齿轮曳引机最为理想的上行超速保护装置。

9.4 缓冲器

缓冲器是提供最后一种安全保护的电梯安全装置。它安装在电梯的井道底坑内，位于轿厢和对重的正下方。当电梯在向上或向下运动中，由于钢丝绳断裂、曳引摩擦力、抱闸制动力不足或者控制系统失灵而超越终端层站底层或顶层时，由缓冲器吸收或消耗电梯的能量，从而使电梯或对重安全减速直至停止，以避免电梯轿厢或对重直接撞底或冲顶，保护乘客和设备的安全。

缓冲器安装在井道底坑内，一般为 3 个，在对应轿底处安装 2 个，对应对重下面安装 1 个。当轿厢或对重压在缓冲器上后，缓冲器受压变形，使轿厢或对重得到回弹，回弹数次后使轿厢或对重得到缓冲，最后静止不动。对重缓冲器还可以避免轿厢冲顶的危险，在轿厢冲顶前，对重架子撞上了对重缓冲器，避免了轿厢冲顶撞击机房地面的危险。

缓冲器有弹簧缓冲器（蓄能型）、液压缓冲器（耗能型）和聚氨酯类缓冲器三种。常见的是弹簧缓冲器和油压缓冲器。

9.4.1 弹簧缓冲器

弹簧缓冲器（见图 9-14）受到轿厢或对重装置的冲击时，使轿厢或对重的动能转化为弹簧的弹性势能，从而起缓冲作用，通过弹簧的压缩行程和反力，使轿厢或对重减速停止。缓冲过程中弹簧反力逐渐增大，撞击速度越高，反弹速度越大，反作用力使轿厢反弹并反复进行，直至这个力消失。缓冲力和缓冲减速度是不均匀的。另外，弹簧被压缩到极限位置后将释放弹性势能，使缓冲结束时有反跳现象。因此，弹簧缓冲器只适用于速度较低（额定速度不大于 1.0m/s）的电梯。

图 9-14　弹簧缓冲器

弹簧缓冲器一般由橡胶缓冲垫、上缓冲座、弹簧、弹簧套和底座组成。对于压缩行程较大的弹簧缓冲器，为了增强弹簧的稳定性，在弹簧下部设导套或在弹簧中设导向杆，也可在满足行程的前提下加高弹簧底座高度，缩短无效行程。

金属弹簧缓冲器一般都是采用钢弹簧。根据弹簧的形状，这类缓冲器又分为圆截面圆柱螺旋弹簧式、矩形截面圆柱螺旋弹簧式、截锥蜗卷螺旋弹簧式以及圆截面截锥螺旋弹簧式四种。

除了上述四种弹簧式缓冲器之外，对于额定载荷大于 3t 的大吨位电梯的缓冲器，为了减小簧丝材料的直径和弹簧的径向尺寸，还可以采用大簧套小簧的同心并列组合圆柱螺旋压缩弹簧（简称组合弹簧）。组合弹簧相当于用两个或更多个小弹簧组合而成的一个大弹簧，一般来说其成本和结构复杂程度要比同等效果的单簧高。对电梯缓冲器用弹簧而言，外形尺寸的大小基本不受限制。因此，除非采用单个弹簧时加工制造有较大困难且使成本过高时采用组合弹簧，一般情况下还是采用单簧形式较简单方便。

9.4.2　液压缓冲器

弹簧缓冲器的特性是制动力随着压缩行程的增大而增大，而液压缓冲器（见图 9-15）在制动过程中的作用力近似常数，从而使柱塞近似做匀减速运动。

各种液压缓冲器的构造虽有所不同，但其原理基本相同。液压缓冲器是以油作为介质来吸收轿厢或对重装置动能的缓冲器。这种缓冲器比弹簧缓冲器要复杂得多，在它的液压缸内有液压油。当柱塞受压时，由于液压缸内的油压增大，使油通过油孔立柱、油孔座和油嘴向柱塞喷流。

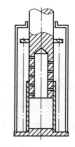

图 9-15　液压缓冲器

在油因受压而产生流动和通过油嘴向柱塞喷流过程中的阻力，缓冲了柱塞上的压力，吸收了轿厢或对重的动能和势能，缓解了冲击，具有良好的缓冲性能。由于液压缓冲器的缓冲过程是缓慢、连续而且均匀的，因此效果比较好。当柱塞完成一次缓冲行程后，由于柱塞弹簧的作用使柱塞复位，以备接收新的缓冲任务。液压缓冲器的原理是利用液体流动的阻尼，在使用条件相同的情况下，液压缓冲器所需的行程可以比弹簧缓冲器减少一半。

这种耗能式缓冲器动作之后，柱塞应在 120s 内恢复到全伸长位置，但由于复位弹簧或柱塞发生故障，不能按时恢复到位，或不能回到原来的位置，那么下次缓冲器动作时就起不到缓冲作用。为了保证缓冲器柱塞处于全伸长位置，应装设缓冲复位开关以检查缓冲器的正常复位。

根据泄油孔的布置，液压缓冲器可以设计成多种形式。

图 9-16 所示是一种柱塞上带有泄油孔的液压缓冲器。柱塞下部有一空腔，柱塞四壁有一组泄油孔，缸体平滑无孔。当柱塞被压下时，缸体上部渐渐盖住柱塞上的泄油孔，减少了泄油孔的数目和总泄油孔的面积，从而控制柱塞的运动速度。柱塞外的弹簧起复位作用。

图 9-17 所示是常用的一种锥形柱和环状孔的液压缓冲器。当柱塞在液压缸中向下压进时，油通过环状孔流进中空柱塞的内腔，流量由液压缸底部的锥形柱控制。随着柱塞的向下运动，柱塞上的孔与锥形柱形成的环状孔的开度逐渐减小，导致制停力恒定。为了使缓冲器作用瞬间和终止瞬间不至于产生减速度的突变，故将锥形柱上端、中部和下端设计成不同的锥度，使缓冲器动作的全过程都较为平稳。

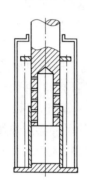

图 9-16　柱塞上带有泄油孔的液压缓冲器

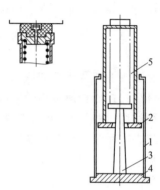

图 9-17　锥形柱和环状孔的液压缓冲器
1—液压缸　2—柱塞　3—锥形柱
4—底座　5—复位弹簧

缓冲器的头部由橡胶垫及封盖组成，橡胶垫中间有一个带有 T 形通气孔的紧固螺栓，将橡胶垫与封盖连接，便于向缸体内注油时排气，并使柱塞能自由复位。而在缓冲过程中，撞击板压住橡胶垫，T 形通气孔被封住不起作用，可避免缓冲时排出的高速气流向外喷射油雾。

不管液压缓冲器的结构形式如何，其特性将取决于排油截面的设计。合理地设计排油截面将使缓冲过程平稳。

9.4.3　非线性蓄能型缓冲器

非线性蓄能型缓冲器又称聚氨酯类缓冲器。弹簧缓冲器的使用率较高，但这种缓冲器制造、安装都比较麻烦，成本高，并且在起缓冲作用时对轿厢的反弹冲击较大，对设备和使用者都不利。液压缓冲器虽然可以克服弹簧缓冲器反弹冲击的缺点，但造价太高，且液压管路易泄漏，易出故障，维修量大。现在市场上出现了采用新工艺生产的聚氨酯类缓冲器，这种缓冲器克服了老式缓冲器的主要缺点，动作时对轿厢几乎没有反弹冲击，单位体积的冲击容量大，安装非常简单、体积小、重量轻、软碰撞、无噪声、防水、耐油、易保养，可减小底坑深度，不用维修，抗老化性能优良，而且成本只有弹簧缓冲器的 1/2，比液压缓冲器更低，近年来开始在中低速电梯中应用。

9.5 机械安全防护装置

9.5.1 轿顶护栏

轿顶护栏可以防止检修人员不慎坠落井道，然而也有些检修人员倚靠护栏，反而造成人体碰撞与擦伤等情况。所以要不要装设轿顶护栏一直有争议。新修订的标准 GB/T 7588.1、7588.2—2020 中规定，距轿厢外侧边缘水平方向超过 0.3m 的自由距离时，轿顶应装护栏。而且标准还对护栏的安装尺寸和位置作了详细规定。并要求护栏上应有俯伏或斜靠护栏危险的警示符号或须知，并在适当位置妥当固定。标准中规定轿顶护栏不但必须要装设，而且规定得非常具体。

9.5.2 轿厢护脚板

轿厢护脚板是非常重要的防护装置。在轿厢不平层时轿厢与层门地坎间产生空间，这个空间会使乘客或检修人员的脚踏入或伸入井道，导致发生人身伤害的可能。因无护脚板造成挤、切乘客、检修和操作人员的脚时有发生，也曾发生过因无护脚板致使乘客和电梯司机坠入井道而死亡的重大事故。

我国早期生产的电梯中（国标 GB 7588—1987 实施前），存在没有护脚板装置的情况比较多，应当弥补上。GB/T 7588.1、7588.2—2020 规定：每一个轿厢地坎上均应设置护脚板，其宽度是层站入口处的整个净宽度。护脚板的垂直部分以下应成斜面向下延伸，斜面与水平面的夹角应大于 60°，该斜面在水平面上的投影深度不小于 20mm；护脚板的垂直部分高度不小于 0.75m。护脚板一般用 2mm 厚的钢板制成，装于轿厢地坎下侧且用扁铁支撑，以加强其机械强度。

9.5.3 底坑对重侧防护

为了防止人员进入底坑对重侧而造成人身伤害，对重的运行区域应采用刚性隔障防护，该隔障应自电梯底坑地面上不大于 0.3m 处向上延伸到至少 2.5m 处，其宽度至少等于对重（平衡重）宽度两边各加 0.1m。如果这种隔障是网孔型的，应符合国标 GB/T 23821—2009 的规定，这种隔障可用角钢或扁钢制成一个护栅架子，然后焊铁皮或铁网。

9.5.4 共用井道的防护

在几台电梯共用的井道中，不同电梯的运行部件之间应设置隔障。此隔障应从轿厢、对重行程的最低点延伸到最底层站楼面以上 2.5m 处。如果电梯轿顶边缘与相邻电梯运行部件之间的水平距离小于 0.5m，这种隔障应贯穿整个井道，其宽度为运动部件宽度每边各加 0.1m，防止检修人员在井道内被相邻电梯的运动部件所伤害。

9.5.5 机械设备安全防护

对可能发生危险并可能接触的旋转部件，必须提供有效保护或设防护罩，特别是转动轴上的键、螺钉、钢带、链条、传动带、齿轮、电动机外伸轴、滑轮等，如限速器、导向轮（对重和轿顶）、曳引轮、曳引电动机外轴和旋转编码器等均应设置防护罩，防止设备旋转部分伤害人体以及杂物落入绳与轮槽之间损坏设备，还可防止悬挂绳松弛时脱离绳槽。防护罩不得妨碍维修人员对设备的日常检查和维修。

9.5.6 轿顶安全窗及安全窗开关

在轿厢顶部设有向外开启的安全窗，作用是当电梯发生事故时专供救急和检修使用，人们可从此窗撤出轿厢内。此外，当安全窗开启时安全窗开关动作，它同时切断控制电路，使电梯无法起动，此开关也能使检修或快车运行的电梯立即停止运行。在轿厢顶部还设有排气扇，留有空气进出的通道，使轿厢内人员不会有气闷的感觉。

9.5.7 上下终端超越层保证装置

当电梯运行到最高层或最低层时，为防止电梯失灵继续运行，造成轿厢冲顶或撞击缓冲器事故，在井道的最高层及最低层外安装了几个保护开关来保证电梯的安全。

1）强迫缓速开关。当电梯运行到最高层或最低层应减速的位置而电梯没减速时，装在轿厢边的上下开关打板使上缓速开关或下缓速开关动作，强迫轿厢减速运行到平层位置。

2）限位开关。当轿厢超越应平层的位置50mm时，轿厢打板使上限位开关或下限位开关动作，切断电源，使电梯停止运行。

3）极限开关。当以上两个开关均不起作用时，轿厢上的打板触动极限开关上碰轮或下碰轮，通过钢丝绳使装在机房的终端极限开关动作，切断电源使电梯停下。有的电梯在安装极限开关上下碰轮处直接安装上极限开关和下极限开关，以代替机房内的终端开关，其作用是一样的。极限开关和缓速限位开关在轿厢超越平层位置50～200mm内就迅速断开，这样就避免了事故的发生。

本 章 小 结

电梯不安全状态的主要种类：

超速：电梯的运行速度超过极限值，一般为额定速度的115%以上。

失控：电梯在运行过程中由于意外原因（如制动器失效、曳引绳严重打滑或曳引绳断裂等）导致正常的制动手段已无法使电梯停止运动。

终端越位：电梯在顶层端站或底层端站越出正常的平层位置继续运行，常发生在平层控制装置出现故障时。

冲顶或墩底：由于意外原因电梯端站不减速或端站监控装置失灵导致电梯直接冲顶或墩底。

不安全运行：超载运行，厅门、轿门未关闭运行，限速器失效状态运行，电动机错、断相运行等均属不安全运行。

非正常停止：电梯因停电、控制回路故障、安全钳误动作等，引起电梯在运行中突然停止。

关门障碍：电梯在关门时，受到人或物的阻碍，使门无法关闭。

主要介绍防超越行程的保护；限速器和安全钳；防人员剪切和坠落的保护和要求；缓冲装置；报警和救援装置；停止开关和检修运行装置；消防功能；其他安全保护装置；注意参照国家电梯安全标准。

习题与思考

9-1　电梯导轨、导靴分别有哪几种形式？起何作用？

9-2　电梯的机械安全保护系统由哪几部分组成？

9-3　电梯补偿装置的作用是什么？有哪些常用的结构形式？

▶ 第 10 章

电梯物联网监控系统

10.1 基于物联网及大数据的电梯安全技术

近年来，伴随着电梯总量的迅速增长，电梯故障的发生次数也在逐年增加，电梯安全日益引起人们的重视。伴随着物联网的发展和大数据的兴起，物联网和大数据技术正在逐步应用到电梯安全中，使用基于物联网的大数据处理技术对电梯的日常运行进行安全监控将是今后电梯安全的必然趋势。研究基于物联网及大数据的电梯安全技术的主要目的是为了随时掌握所监测"电梯群"中电梯的运行状况，对或有故障进行预测预警，帮助技术人员和管理人员早作决策，防患未然；当电梯发生事故时（见图 10-1），及时准确判断事故类型并报警，通知相关部门和人员，采取正确的处置措施。

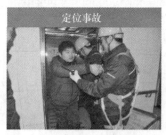

据统计，各类事故发生的起数占电梯事故总起数的概率分别为：门系统事故占 80% 左右，冲顶或蹲底事故占 15% 左右，其他事故占 5% 左右

图 10-1 电梯事故

在过去的若干年里，国内外电梯公司均先后推出了自己的电梯安全系统。国外电梯公司，如日本三菱电梯公司、日立电梯公司、德国蒂森克虏伯电梯公司、美国奥的斯电梯公司、富士达公司等均开发了自己的电梯安全监控系统，虽然各有特色，但基本功能大同小异，基本都能够 24 小时全天不间断地检测电梯的运行状况，并且为每一台电梯的运行状态建立文档，从而有效地降低电梯故障的发生率，提高了电梯运行寿命的安全性。如果电梯发生故障，前置数据采集器能够自动给监控中心发出通知，通过监测装置显示电梯的故障资料

并能给当地的维修工发出维修指令，确保维修人员在最短的时间内到达现场。而国内如阿尔法电梯公司的远程监控系统、广州市易达讯科技电子有限公司开发的电梯远程监控系统等，就功能而言与国外公司也是大同小异。

10.2　基于电梯物联网电梯预测技术的提出

2015 年，国家出台的《电梯主要部件报废技术条件》（GB/T 31821—2015）标准中进行了大的部件列项，分别为：驱动主机、紧急救援装置、悬挂装置、补偿装置、轿厢、对重、层门与轿门、检修门、井道安全门和检修活板门、导轨和导靴、安全保护装置、电气控制装置、编码器、液压部件等，其中如制动器、限速器-安全钳等作为电梯安全装置，起着至关重要的作用，一旦失效，电梯也随之失控，造成不可弥补的损失。因此，电梯检验时必须加强对制动器、限速器-安全钳等电梯关键部件的检测。2012 年，国家质量监督检验检疫总局结合国内外电梯零部件检验技术、规范及相关标准，选择电梯零部件中容易出现劣质产品的部件，包括应急驱动装置、能量回馈装置、电梯电气控制柜、聚氨酯类缓冲器、电梯用钢丝绳、轿厢意外移动安全保护装置、自动扶梯和自动人行道附加制动器、门系统、液压电梯主控阀、防爆电梯控制柜及曳引机、非铸铁对重块、自动扶梯驱动链、无机房电梯紧急救援装置、非钢丝绳式悬挂装置等 15 种典型部件进行立项，拟通过实验研究及技术指标测试，在对电梯零部件的检验方面取得突破，形成一套电梯关键零部件检验方法及技术要求规范，用于加强对电梯零部件安全质量的控制，保障人民群众生命财产安全和维护正常市场经济秩序。但是，从 2015 年年底的验收情况来看，虽然取得了一定的成绩，但测试手段还不能说先进，尚有许多需要进一步研究、改进的地方。

信号或动态数据的处理与分析，是电梯故障诊断的前提和基础。在状态监测与故障诊断过程中，多组特征数据描述设备状态虽然有利于精确确定当前设备运行情况，但会使监测与诊断过程更加复杂，甚至可能因为时间、空间的影响使监测或诊断失去意义。尤其是电梯在线运行状态监控系统，对实时监测数据的响应必须迅速、准确，实时性能指标要求较高。因此，对监测数据进行特征提取是十分必要的。

设备状态检测从技术手段及其发展趋势来看，可分为三个阶段：仪器仪表人工检测、传感器与计算机辅助检测、智能化检测与诊断，其中智能化检测与诊断是未来发展方向。故障预测方法可根据其参数选取角度不同分为基于数据驱动、基于模型和基于统计分析的预测技术等。

基于数据驱动又称为基于特征提取，通过历史设备运行的各种数据或者信号特征对当前的设备运行状态进行预测，常见的预测方法主要是基于学习理论的智能算法，包括人工神经网络（ANN）、灰色模型、隐马尔科夫模型（HMM）、支持向量机（support vector machine，SVM）等。其中，人工神经网络模型包括网络拓扑、神经元特征、学习规则等，对于故障预测而言其非线性映射能力、非局限性、具有自适应、自学习能力等特征被广泛应用于实际工程中，但是系统的演化取决于设备状态，容易陷入局部最优解等问题；灰色模型和隐马尔科夫模型在基于数据驱动的预测方法中，具有较高的预测精度，适用范围较广，特别适合于设备特征信息较为完整的情况，但是设备信息一般是不完整的，故预测效果一般；SVM 可以分为线性可分和线性不可分两种情况，对于线性可分来说，SVM 和其他方法一样具有较高的精度；对于线性不可分来说，SVM 通过映射的方式将低维不可分数据映射到高维可分，能够很好地解决非线性问题，而且具有唯一的全局最优解与出色的机器学习能力，设备故障特征信息一般是非线性、时变的，因此 SVM 特别适合用于设备健康状态预测。目前，在模式识别、聚类分析、故障预测、信号处理等领域得到了一定的应用。

基于模型的预测技术一般要求对监测对象的系统模型已知，常见方法包括物理模型、数学模型、卡尔曼滤波以及专家经验方法等，该方法适合机械、电子类故障预测，通过建模的方式将设备各部分的运行过程描述出来，对比分析各参数是否满足系统即可，但是该类方法适用范围较窄，针对性较强，且模型较为固定。

电梯是机电一体化的特种设备，由驱动系统、电气自动控制系统、导向系统、安全保护系统等电气机械部件等组成，因此，电梯在不断运行的过程中发生一些故障是不能完全避免的。引起电梯常见主要故障的原因是控制系统和关键零部件，通过妥善的使用、管理和维护，可以降低电梯的故障率，减小安全隐患；如果这些故障和隐患不能及时被发现和排除，就可能导致安全事故发生。因此，应当正确认识，以防为主，查找产生电梯故障和隐患的原因，提前介入维护或保养，保证电梯安全运行。《电梯主要部件报废技术条件》新标准规定了安全保护装置、紧急救援装置、警报安全门和火板门、驱动主机轿厢、层门和轿门、电气控制装置等对电梯安全运行影响较大的电梯主要部件报废的技术条件。标准也明确将机械损伤（如开裂变形）、非正常磨损、锈蚀、材料老化、电梯故障、电气元器件破损等 6 种影响安全运行的失效或潜在失效模式作为部件的报废技术条件。通过对存在失效或潜在失效风险的主要部件进行报废，来推进电梯的整体改造，如图 10-2 所示。

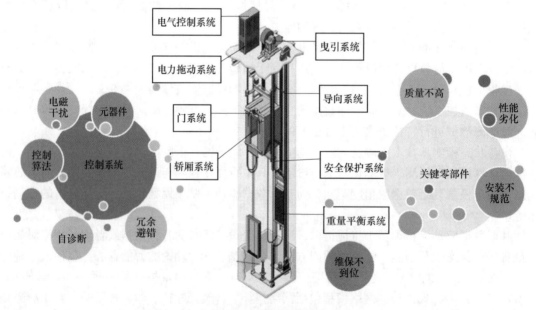

图 10-2　电梯常见故障

基于统计分析的预测技术是根据设备运行历史数据和状态的统计角度进行预测，常见方法包括曲线拟合、高斯混合模型（GMM）、时间序列分析法、基于贝叶斯理论的预测方法、逻辑模糊等，曲线拟合通过设备运行的历史数据进行回归分析，该方法原理简单但预测精度较低；高斯混合模型是根据设备数据构建概率密度函数将特征量化，再统计各个量化后的特征出现的频次，能够实现设备的故障预测，但是其稳定性、精确性受到学习机制的影响较大；时间序列分析法是基于随机过程和数理统计的统计方法，通过分析动态数据在时间序列上遵循的统计规律进行预测，常被用于电力系统中。但是该方法前期统计分析的工作量较大，而且对于非线性模型预测效果一般；基于贝叶斯理论的预测方法是依据统计理论估计设备故障的概率密度函数，然后进行剩余寿命估计、故障预测等，但是该方法对故障预测影响因素依赖较大，不能够有效地获取推理因素，预测精度较差。

10.3 电梯预见性故障诊断

目前国内高校课题组主要是通过建立电梯动力机械系统早期监测设计的理论体系，形成电梯动力机械系统监测点的优化布置方案和合理选用传感器的策略，提出了基于振动、磨损、温度等多源信息的电梯性能衰退预测与评估模型；采用平稳小波变换，通过优化小波基，开发了高级信号处理算法，进行监测信号时频分析，消除噪声，实现了早期故障特征的有效提取；制订合理的早期监测规则，进行早期故障模式识别，从而提高诊断准确性；通过应用计算力学方法，进行运行过程中非线性变形的研究，建立电梯在运行过程中的力学仿真模型，结合通过实验力学方法获得的实验数据，开展电梯可靠性理论设计、电梯设备磨损特性曲线和复杂条件下磨损机理研究。建立高可靠性电梯的数值计算方法，对影响部件可靠性参数做出定量评价，充分反映各参数对部件可靠性的影响程度，即灵敏度，为电梯设备的机械结构设计提供理论依据。充分利用虚拟样机技术、有限元分析技术、优化设计等现代设计方法与技术，实现最佳结构形式、参数的选择及确定，精确计算电梯及扶梯在运行过程中设备的负载情况，完成电梯设备的预见性故障诊断设计。

课题组通过对电梯工作过程的仿真与实验研究，并以此为理论依据设计基于可靠性电梯及扶梯节能环保评价。构建了一种新曲线不变矩应用于电梯轨迹识别，同时采用优化思想对识别结果做定量分析，提取识别后的电梯运行轨迹形状特征参数，为查找故障部位提供指南。信号提取决定是否能够提取反映电梯目前运行状况的信息，预测决定未来电梯运行性能趋势的判断，二者都关系到预见性故障发生时间和检修计划的制定，探讨谐波小波提取弱信号和基于最大 Lyapunov 指数的非线性信号的预测方法。将整个电梯运行状态及故障等信息显示出来，以形象直观的监控画面来便于操作人员了解设备运行状态及故障检查，实现对电梯运行的集中监控和管理，实现动态评价体系。

综合性电梯管理平台以电梯预见性故障诊断系统关键技术研究与开发，对电梯机械动力系统早期故障诊断及故障定位等方面进行研究，基于混沌理论的早期预见性故障诊断的微弱特征提取方法，以及基于振动、磨损、温度等多源信息的电梯性能衰退预测与评估模型，研究电梯故障信息及正常运行数据的收集、整理和聚类，建立分析诊断数据库。对影响部件可靠性参数做出定量评价，实现电梯机械动力系统故障诊断指标的综合评价；利用互联网技术、远程监控技术、无线传感器网络技术和 3G 技术进行传输通信建设。通过微处理器进行非常态数据分析，经由网络传输至数据处理服务器，实时地分析并记录电梯的运行状况，实现故障早期预见性诊断、报警、人工干预，进行相应的维修、日常管理、质量评估、隐患防范等功能，如图 10-3 所示。

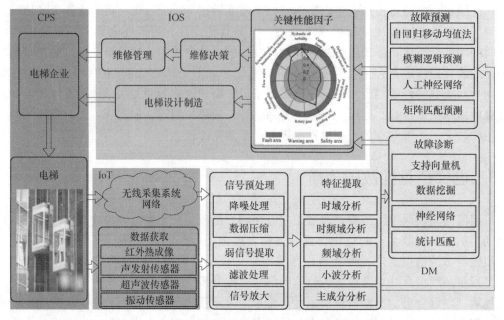

图 10-3   电梯运行的故障诊断和自动化管理技术研究

10.3.1   电梯监控的目的

1）对在用电梯进行远程数据维护、故障诊断及处理，完成故障的早期预告及排除和电梯运行状态（群控效果、使用频率、故障次数及故障类型等）的统计与分析等。

2）实施远程监控，可以在第一时间得到电梯的故障信息，并进行及时处理，变被动保养为主动保养，减少因故障停梯的时间。

10.3.2   电梯监控的内容

1. 电源系统

监测内容包括：

供电电源电压、电流和相序，控制系统的电源电压；

轿厢照明电路、井道照明电路、备用电源的电压及电流等。

2. 主电路与拖动系统

监测电气元件、变频器、制动器、曳引机的工作状态，制动器闸片、减速机轴承、减速机油的温度等。

3. 电梯控制系统及运行过程

监测内容如下：

1）工作状态，开/关梯、工作模式（司机/无司机/检修/消防/群控/并联等）。

2）运行信息，轿内指令/厅外召唤、运行方向、轿厢位置、平层感应器、上/下强迫换速开关、上/下限位开关、换速开关等信号。

3）每日运行次数、运行时间与故障次数的统计；电梯总的运行次数、运行时间与故障次数、故障时间、类型；控制系统、机房、井道和轿厢等现场的视频信息。

4. 电梯门系统

监测内容包括：厅门锁、轿门锁机构的工作状态，门联锁继电器、开门继电器、关门继电器、安全触板、门区开关、开关门限位开关等电气元件的工作状态，门机及其驱动电动机的工作状态等。

5. 安全装置的工作状态

监测安全回路保护各个装置及电气元件的工作状态，包括安全钳、限速器、张紧装置、安全窗、缓冲器等处的安全开关状态。

10.3.3 监控系统的功能

监控系统的功能有：

1. 信息采集

2. 电梯运行状态监测

1）电梯供电电源的电压和相序；

2）曳引电动机的工作电压、电流及工作温度；

3）曳引电动机在工作过程中的过电流、过电压事件；

4）门系统工作状态、人员出入状态、轿门和厅门的电气联锁状态；

5）轿厢行程检测，检测电梯轿厢运行速度是否在许可的范围内；

6）与安全回路相关的各种安全装置开关状态检测；电梯的运行控制逻辑检测等。

3. 故障报警及管理

故障判别的方法有三种：

1）越过阈值报警：当实时检测值超过监控预置的阈值时，则进行故障报警。需要把监控的参量转换为数值，如电压、电流、运行速度、温度等。

2）开关状态报警：当故障事件发生时，行程开关或限位开关作用。

3）运行逻辑错误报警：电梯运行中的控制器、继电器、接触器等动作逻辑及时序出现异常而报警。

故障管理包括以下三种：

1）故障响应处置管理；

2）电梯维修保养信息管理；

3）系统管理功能：包括对监控系统设备的管理、用户权限管理、信息资源管理等功能等。

电梯远程监控系统通过每台电梯数据采集设备（或数据采集器）以及视频输入输出设备，将分布在不同地区、不同区域的电梯变为一个个数据终端，各分散的数据终端通过网络把电梯数据信息存入远程监控中心的数据库，构成一个电梯远程监控数据实时存取网络，如图 10-4 所示。

10.3.4 电梯远程监控功能

电梯远程监控功能有：

1）对电梯的故障事故统计、故障事故分析；

2）对管理区域内的电梯实时运行状态进行查看，提供电梯运行监测指标和视频信息，

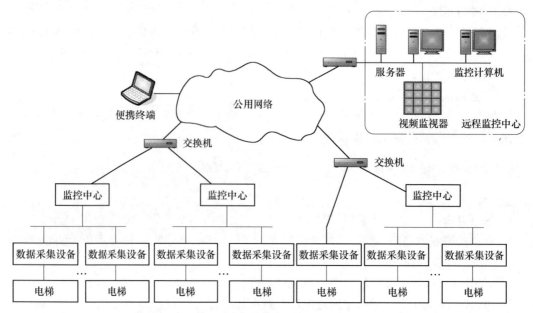

图 10-4　故障报警及管理系统

对电梯各类信息查询、存储、回放等，为故障或事故分析提供依据；

3）运行安全维保监测平台面向维保单位人员提供维保监督管理、维保信息查询、维保单位管理等；

4）电梯预警报警；

5）视频管理。

当电梯出现故障时，它向监控中心计算机发送故障信息，中心计算机收到这个信息包后，将其展开并存储在一个数据库中提供给操作员。操作员可以根据电梯信息采集分析设备发来的信息，从数据库中找出有关这台电梯和数据采集设备的详细资料，进一步了解故障情况并及时做出反应，如图 10-5 所示。

10.3.5　动态观测电梯

当维修与管理人员查询故障时，故障电梯的数据采集设备向监控中心监控计算机发送实时的信息包，维修与管理人员可以动态观测该电梯的状态：

1）电梯运行状态监视；

2）电梯控制；

3）故障监视；

4）交通流量分析；

5）摄像监视；

6）紧急情况的救援指导；

7）实施远程急修服务；

8）便于管理系统集成。

电梯远程监控系统采用传感器采集电梯运行数据，通过微处理器进行非常态数据分析，

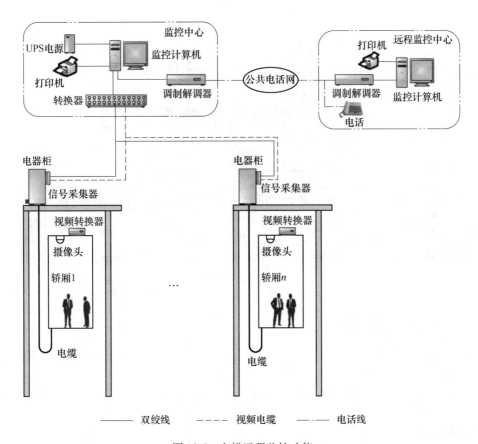

图 10-5　电梯远程监控功能

经由 GPRS、以太网、RS485 等方式进行传输，通过服务器、客户端软件处理，实现电梯故障报警、困人救援、语音安抚、日常管理、质量评估、隐患防范等功能，是一个综合性电梯管理平台。

监视系统可根据现场具体情况采用灵活的数据传输方式，主要有 GPRS、以太网、RS485 方式等，这几种方式还可混合传输。如果监控系统接入互联网，可组成较大规模的综合电梯监视网络。

根据电梯运行情况、使用环境、部件调整周期、客户特别要求，自动地对电梯保养、维修作业进行动态监管与控制，确保电梯产品的运行安全，如图 10-6 所示。

10.3.6　远程监视系统

远程监视系统由远程监控中心、各远程监视分中心、各级维修中心和现场设备组成。

1. 系统提供两种监视方式

一种方式是利用现有的区域监控系统，通过在监控计算机端增加 GPRS 终端与远程监控中心实现数据传输；

另一种方式是在电梯机房设置电梯远程监视装置，实时采集电梯的运行状态数据，通过 GPRS 网络与远程监控中心实现数据通信。

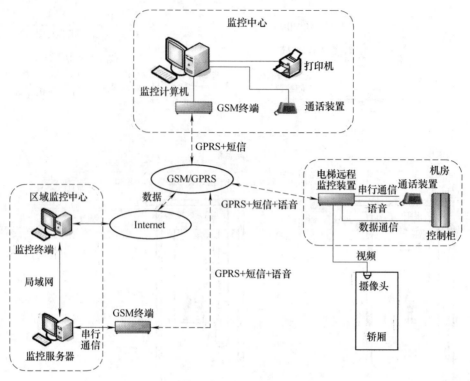

图 10-6　基于无线网络的电梯远程监控系统

2. 主要功能

1）电梯远程监视。

2）通过对电梯所发生的故障进行分析，以便采取相应的措施。同时，借助于远程监控智能系统对电梯进行不间断的运行状况监控，并通过对监控数据的统计分析，预测电梯可能出现的故障，提前预防处理，确保电梯的正常运行。

3）维修业务管理。

4）信息传递：

通过在线监控系统所获得的信息以月度检查报告形式和定期运行数据统计的形式传递给顾客。

电梯远程监控系统运用 ZigBee 无线传感器网络技术并结合 GPRS 和 3G 技术，采用传感器以若干接点方式采集电梯运行数据，通过微处理器进行数据分析，经由网络传输至数据处理服务器，实现电梯故障报警、困人救援、日常管理、质量评估、隐患防范等功能的综合性管理。

监控系统具有低成本、易实现、数据传输可靠和低功耗等特点，使其电梯远程监控的实现难度大大降低，且安装、维护和管理十分方便，避免了以往传统电梯远程监控系统的很多弊端，代表了电梯监控系统向无线网络化发展的趋势。

电梯远程监控系统由监控站无线传感器网络（物联网）部分、GPRS 数据传输部分和远程监控通信服务中心三部分组成。监控站点通过网关与 GPRS MODEM 进行数据交互，实时地将数据发送给 GPRS MODEM，同时接收 MODEM 发来的数据并完成相应的控制功能，如图 10-7 所示。

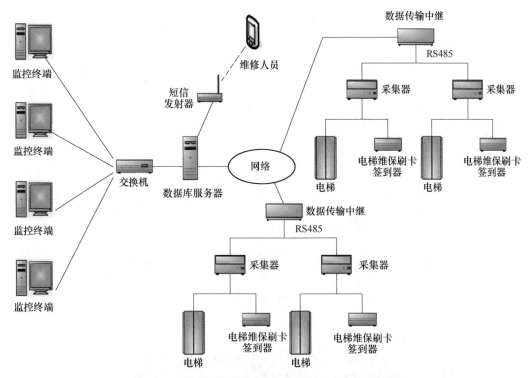

图 10-7　基于物联网的电梯远程监测和维修保养系统

10.3.7　电梯远程监控系统所要达到的目标

对电梯运行状况进行远程实时监测，随时了解电梯运行状态；监视门锁违规短接现象的出现，防止因此而发生的恶性事故；电梯将发生故障特别是出现门机运行变化时，立即自动向管理者和监控中心发送报警信息，提高故障反应和处理速度，防止造成恶性事故；具备电梯所在楼层指示功能，以便在电梯出现运行故障时，指引维修人员准确确定现场位置，并尽快赶到现场；记录电梯运行数据，每秒记录一组，以备查询分析；在电梯发生运行故障时，自动将故障前后的运行数据单独抽出，并长期保存，以便进行故障分析；采用数据统计的方法，分析故障的类型，预防电梯故障发生，提高电梯运行安全性；为电梯的日常维护和保养提供直接的数据支持，以提高维保工作效率，降低维保成本；自动记录电梯运行中出现故障的类型和发生时刻，以掌握电梯的真实运行状况；记录维保人员巡查保养时间，方便管理部门对维保工作的监督与核查，实现电梯预评价体系，如图 10-8 所示。

1. 维保巡检模块

电梯监管系统通过记录巡检人员对电梯实施维保工作的地点、身份、时间等信息，以实现对电梯巡检维保工作和巡检人员的全面监管。系统能为质检部门及时有效地把控电梯的巡检状况，以及巡检单位掌握人员的工作情况，提供有效实时的信息化服务。系统涵盖巡检数据记录，数据统计分析，消息提醒与报警，巡检单位、巡检人管理，统一故障受理与调度中心服务平台等功能，如图 10-9、图 10-10 所示。

系统包括：检测点、智能移动巡检终端和服务中心三部分。检测点安装在电梯使用单位

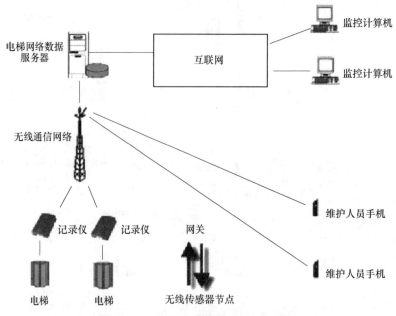

图 10-8 电梯远程监控系统的总体结构

图 10-9 电梯物联网故障诊断系统界面

现场的几个关键巡检部位。

在电梯现场的关键检测部位部署 RFID 检测点，检测点内保存相应的设备信息、设备相关状态数据及巡检维保信息。所有信息具有智能巡检和终端读写功能，如图 10-11 所示。

服务中心部署在运营商或相关监管部门内，用户以虚拟网络方式接入，进行数据访问，并部署有防火墙、安全网关及数据库服务器、Web 服务器等服务设备。

2. 故障诊断专家系统

计算机在采集被诊断对象的信息后，综合

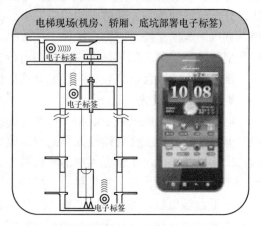

图 10-10 电梯维保巡检模块结构示意图

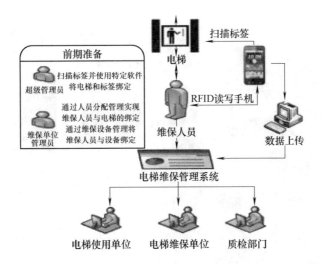

图 10-11　电梯维保管理系统

运用各种规则（专家经验），进行一系列的推理，必要时还可以随时调用各种应用程序，运行过程中向用户索取必要的信息后，可快速地找到最终故障或最有可能的故障，再由用户来证实。专家系统故障诊断方法可用图 10-12 所示的结构来说明，它由数据库、知识库、人机接口、推理机等组成。其各部分的功能如下：

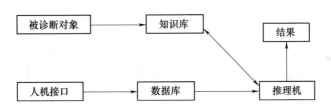

图 10-12　故障诊断专家系统

1）数据库通常由动态数据库和静态数据库两部分构成。静态数据库是相对稳定的参数，如设备的设计参数、固有频率等；动态数据库是设备运行中所检测到的状态参数，如运行速度、振动电压或电流等。

2）知识库存放的知识可以是系统的工作环境、系统知识（反映系统的工作机理及系统结构知识）、设备故障特征值、故障诊断算法、推理规则等，反映系统的因果关系，用来进行故障推理。知识库是专家领域知识的集合。

3）人机接口是人与专家系统打交道的桥梁和窗口，是人机信息的交接点。

4）推理机根据获取的信息综合运用各种规则进行故障诊断，输出诊断结果，是专家系统的组织控制机构。

3. 智能控制系统

在原有的电梯上安装一个类似"门禁"系统的装置，只有在刷卡或图像识别后电梯才会起动，将业主送到其要到达的楼面。有效防止非法闯入，为住户提供私密空间，对于写字楼专用楼层，可以用 IC 卡、手机或人脸识别作为通行证，如图 10-13 所示。

朋友拜访：朋友来拜访，通过门口机呼叫房间编号，业主确认后开锁，设备自动点亮业主所在楼层权限，设备自动点亮门口机所在楼层，将电梯呼到门口机所在楼层，朋友进入电梯后，直接按业主所在楼层按键。

门口机访客联动

业主回家：在门口机刷卡，设备自动点亮门口机所在楼层，将电梯呼到门口机所在楼层，业主进入电梯后直接按楼层。

门口机刷卡+手动选层

图 10-13   智能管理系统示意图

10.4   电梯、自动扶梯和自动人行道物联网技术规范

1. 故障统计信息

统计周期内，故障停梯率应按式（10-1）计算，设备故障停梯率应按式（10-2）计算，非设备故障停梯率应按式（10-3）计算。

$$故障停梯率 = \frac{故障导致设备停止次数}{运行次数} \times 100\% \tag{10-1}$$

$$设备故障停梯率 = \frac{设备故障导致设备停止服务次数}{设备运行次数} \times 100\% \tag{10-2}$$

$$非设备故障停梯率 = \frac{非设备故障导致设备停止服务次数}{设备运行次数} \times 100\% \tag{10-3}$$

2. 困人统计信息

统计周期内，困人率应按式（10-4）计算，设备故障困人率应按式（10-5）计算，非设备故障困人率应按式（10-6）计算：

$$困人率 = \frac{困人次数}{设备运行次数} \times 100\% \tag{10-4}$$

$$设备故障困人率 = \frac{设备故障导致困人次数}{设备运行次数} \times 100\% \tag{10-5}$$

$$\text{非设备故障困人率} = \frac{\text{非设备故障导致困人次数}}{\text{设备运行次数}} \times 100\% \qquad (10\text{-}6)$$

3. 停梯统计信息

停梯时间为设备维护、设备故障、非设备故障等原因导致设备停止服务的时间（单位为 h）。

统计周期内设备维保停梯时间为设备例行保养导致停止服务的时间。

统计周期内设备故障停梯时间为设备故障修复导致设备停止服务的时间。

统计周期内非设备故障停梯时间为非设备故障修复导致设备停止服务的时间。

4. 救援时间统计信息

救援时间为电梯物联网企业应用平台接到困人事件或报警到完成救援的时间（单位为 min）。

5. 电梯应急救援流程如图 10-14 所示

电梯故障代码见表 10-1、表 10-2。

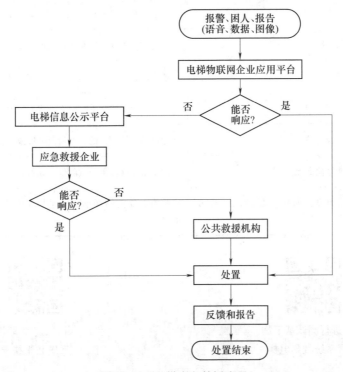

图 10-14　电梯应急救援流程

表 10-1　电梯故障代码

代码	故　　障	说　　明
00	电梯无故障	电梯由故障状态进入正常状态
01	电梯运行时安全回路断路	轿厢运行时安全回路中任何电气安全装置动作
02	关门故障	同样的故障只上报一次，直至关门到位后消除
03	开门故障	同样的故障只上报一次，直至开门到位后消除
04	轿厢在开锁区域外停止	轿厢意外停止在开锁区域以外的位置

（续）

代码	故　障	说　明
05	轿厢意外移动	在开锁区域内且开门状态下，轿厢无指令离开层站的位移，不包含装卸操作引起的位移
06	电动机运转时间限制器动作	动作时间见 GB/T 7588.1—2020 的 5.9.3.10
07	楼层位置丢失	控制系统丢失电梯位置信息后执行复位运行
08	其他阻止电梯再起动的故障	其他上面未述及的阻止电梯起动运行的故障

表 10-2　自动扶梯和自动人行道故障代码

代码	故　障	说　明
60	无故障	由故障状态进入正常状态
61	安全回路断路	运行过程中安全回路中任何电气安全装置动作
62	超速保护	速度超过名义速度的 1.2 倍之前自动停止运行
63	非操纵逆转保护	梯级、踏板或扶手带改变规定运行方向时自动停止运行
64	梯级或踏板的缺失保护	驱动站和转向站的装置检测梯级或踏板的缺失
65	扶手带速度偏离保护	扶手带速度偏离导致的保护动作
66	其他阻止自动扶梯和自动人行道再起动的故障	其他上面未述及的阻止自动扶梯和自动人行道起动运行的故障

学生进行测试基于物
联网系统教学电梯

测试基于物联网
系统教学扶梯

本 章 小 结

　　综合性电梯管理平台是电梯机械动力系统早期故障诊断及故障定位等的安全运行平台，通过早期预见性故障诊断的微弱特征提取方法，以及基于振动、磨损、温度等多源信息的电梯性能衰退预测与评估模型，通过电梯故障信息及正常运行数据的收集、整理和聚类，建立分析诊断数据库。对影响部件可靠性的参数做出定量评价，实现电梯机械动力系统故障诊断指标的综合评价；利用互联网技术、远程监控技术、无线传感器网络技术和 3G 技术进行建设，通过微处理器进行非常态数据分析，经由网络传输至数据处理服务器，实时地分析并记录电梯的运行状况，实现故障早期预见性诊断、报警、人工干预，进行相应的维修、日常管理、质量评估、隐患防范等功能。

习题与思考

10-1　电梯物联网有哪几种形式？起何作用？

10-2　电梯物联网由哪几部分组成？

10-3　电梯物联网智能管理系统的作用是什么？

第 11 章

电 梯 节 能

本章重点：主要介绍电梯控制系统，采用新的控制理论、调度算法，能量回馈装置，新型曳引装置，使用节能型设备等。

我国经济社会的快速发展使得经济增长和能源供给不足的矛盾日益突出。近年来，我国多省市时常出现电力短缺，特别在夏季，更经常出现拉闸限电现象。国家电网数据显示，我国电力紧张的矛盾依然突出，能源危机已经成为制约我国经济快速、平稳和可持续发展的重要因素。

根据权威机构的统计数据显示，建筑业作为我国能源消耗的重点行业之一，已经达到我国能源总消耗的近 1/3。电梯和暖通是现代化建筑中耗电量最大的两只"电老虎"，电梯耗电约占到建筑物总能耗的 10%。目前，暖通的节能降耗已经引起了社会的普遍关注和认可，并取得了初步成效。

《中华人民共和国节约能源法》规定："对于高耗能的特种设备，按照国务院的规定实行节能审查和监管。"国家质量监督检验检疫总局质检特函【2007】29 号文件也提出：要对锅炉、换热压力容器、电梯等高耗能特种设备实行能效测试和节能监管。2014 年 1 月 1 日施行的《中华人民共和国特种设备安全法》中特别把"节能环保"作为特种设备安全工作应当坚持的原则之一。随着我国在用电梯总量已突破 800 万台，对电梯节能降耗的研究，已经引起电梯行业和社会各界的高度关注。

常见的电梯节能技术主要有：更新驱动系统，使用永磁同步无齿轮曳引机代替传统蜗轮蜗杆式曳引机；更新电梯控制系统，采用新的控制理论、调度算法等；采用新型曳引装置，从而降低电梯系统质量，使驱动系统小型化；采用能量回馈装置，将原来消耗于制动电阻上的电能利用起来；更新电梯照明系统，使用节能型设备等。本章主要从新型悬挂装置和能量回馈两个方面，简要介绍电梯的节能技术。

11.1 新型悬挂装置

11.1.1 复合曳引钢带

复合曳引钢带在高分子复合材料技术发展的推动下，结合高强度、长寿命的传动带开发技术，催生了复合曳引钢带在电梯上的运用。在国内市场上，奥的斯、迅达等电梯公司先后将该技术运用于电梯设计中，由于其创新化的设计及良好的节能效果，得到了越来越多用户的认可。

电梯悬挂装置的两个主要功能：支撑负载；提供移动轿厢的曳引力。参照 GB/T 8903—

2018《电梯用钢丝绳》，传统电梯用钢丝绳一般由绳股和绳芯两部分组成，绳股（一般为6股、9股）由多根钢丝拧成规则形状包裹在绳芯周围，绳芯又分为纤维芯和钢芯两种，如图11-1所示。复合曳引钢带作为一种新型悬挂装置，其最主要的功能就是取代钢丝绳来满足原来钢丝绳能够完成的工作。复合曳引钢带的结构相当于将钢丝绳的绳股拆开后均布于高分子复合材料包裹的带中，如图11-2所示。由于复合曳引钢带中的承力钢丝绳股直径一般不大于2mm，参照安全技术规范对曳引轮直径与钢丝绳最小比值的限制要求，曳引轮直径需求不大于80mm。由此，在同样线速度条件下，曳引轮转速得到大大提高，小直径曳引轮大大降低了曳引机驱动力矩，顺应了曳引机高速、小型化发展的需求。目前，单根复合曳引钢带抗拉强度已优于直径10mm的钢丝绳。而且，复合曳引钢带的高分子材料带面与钢制曳引轮的摩擦系数可按需要设计，通过设计选用相应的带面材料可获得远大于钢丝绳与曳引轮槽间的摩擦系数，给曳引系统设计带来了许多便利。

相比于传统钢丝绳，复合曳引钢带具有以下优点：

1）安全系数更高，重量更轻；

2）摩擦系数更大，具有更好的曳引能力；

3）使得曳引驱动系统高速化、小型化，降低了电梯系统质量；

4）减小了电梯运行时的振动和噪声；

5）耐候性好，使用寿命长，无须润滑，维护方便。

图 11-1　钢丝绳

图 11-2　复合曳引钢带

11.1.2　碳纤维曳引绳

在当今社会，高层、超高层建筑如雨后春笋般涌现。随着建筑物高度不断提升，为提高电梯安全性，需要使用更多钢丝绳来升降电梯。据测算，在一个500m的电梯井道内，其钢丝绳的重量接近20t，升降电梯所需的电量中有多达3/4被绳索消耗。500m也是当前电梯提升高度的一个极限，很多摩天大楼，如828m的迪拜哈利法塔，都是采用分段安装电梯的方式来解决整个建筑物的垂直运输。如果希望突破电梯提升极限，必须降低钢丝绳的重量，减少电梯的随行重量，进而降低电梯的能耗。

当前，芬兰通力电梯公司已研制出一种超级坚固的碳纤维曳引绳，被称之为"超级绳索"，能够让建造1mile（约合1.6km）高的摩天大楼的梦想成为现实，并已经在北京的超高建筑"中国尊"中应用。这种碳纤维曳引绳的重量远远低于钢丝绳，坚固程度却与钢丝绳不相上下，而且其能耗也远远低于钢丝绳。碳纤维曳引绳是一种由碳纤维内芯和特殊的高摩擦系数涂层组成的超轻质曳引绳，由多个碳纤维带构成，外面包裹着定制的环氧基树脂涂层，用以提高摩擦力和减少滑动。碳纤维强度高、延伸率低，而特殊涂层坚固耐磨，碳纤维曳引绳结合了两者的特点，所以具有很强的抗磨损和抗腐蚀能力，同时降低了维护成本和时间，非常可靠和耐用。

碳纤维曳引绳能够显著降低摩天大楼中的电梯能耗，随着电梯行程高度的不断刷新，碳纤维曳引绳带来的节能效果可实现指数级的增长。当电梯行程达 500m 时，碳纤维曳引绳能有效地减少 60% 的电梯随行重量及 15% 的能耗。以一座安装 10 部电梯的 640m 高的建筑为例，传统曳引钢丝绳重量达到 186.5t，运营电梯的能耗将达到 1180MW · h。同等条件下，如使用碳纤维曳引绳，其重量仅为 11.7t，能耗只有 1.05MW · h。由此可见，碳纤维曳引绳拥

图 11-3　碳纤维曳引绳

有传统钢丝绳无法比拟的优势，必将给全球电梯业和世界各地的摩天楼带来革命性变化，如图 11-3 所示。

11.2　电梯电力拖动系统节能控制

作为位能型负载的电梯，在运行过程中经常频繁地升降运动，瞬间起动电流往往是额定电流的数倍，使电梯变频器逆变部分在转换过程中消耗了大量的电能，其产生的热量不仅降低了变频器可靠性，增加了散热成本，且污染了电网，特别是增加了电梯的能耗。人们对逆变器桥路转换过程进行了理论研究和分析，通过采用死区时间动态处理技术有效地降低了逆变器的自身损耗，充分利用了电能并改善了电网质量。

图 11-4 所示为电梯死区时间动态控制系统，该系统由主电路、检测部分、控制电路三部分组成。主电路主要是把电网电压经过整流和逆变，送入三相交流异步电动机，通过控制电路控制逆变器开关元件的开断，实现电动机的调速。控制电路主要完成电力传动系统的电流、速度和位置控制，产生 PWM 控制信号，电梯的控制逻辑完成管理、通信和群控等任务，并进行故障诊断、检测和显示。

系统主电路分为两部分：

1）整流部分。它是将电网三相正弦交流电压整流成直流，向逆变部分提供直流电源。

2）逆变部分。6 个功率 MOSFET 管（$Q_1 \sim Q_6$）构成三相逆变开关电路，将直流电变为频率可调的交流电而给电动机提供工作电压。增加的死区控制部分不需对整个电路进行改装，只需外加死区控制电路来实现。

在该闭环速度反馈控制系统中，电路核心专门针对电动机控制设计采用 DSP 芯片中的TMS320C240。DSP 特有的高速计算能力可提高采样频率，并且完成复杂的信号处理和控制

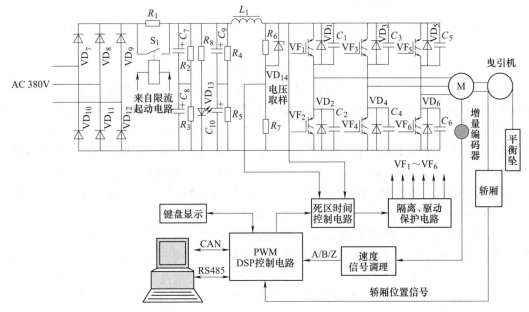

图 11-4　电梯死区时间动态控制系统

算法，实现电动机的控制和调速。由于电梯速度是从零速到最高速平滑地变化，变频器的输出频率几乎也是从零频率开始到额定频率为止平滑地变化。TMS320C240 接收采样电流和电压信号、电动机转速和转子位置信号，采用矢量控制算法，经过比较器和函数库进行矢量运算，并输出 PWM 控制信号，控制信号经光电隔离电路后，驱动功率开关器件。同时，变频调速的运行状态被监控，当系统出现短路、过电流、过电压、欠电压、过热等故障时，DSP 将封锁 PWM 输出信号，关断功率开关器件的输出，并通过指示灯指示故障。

系统采用的增量式旋转编码器为多摩川公司的 TS6026N1S1 型号，其分辨率为 512 脉冲/圈，输出 3 路 A-A、B-B、Z-Z 差分信号。编码器接口电路将该 3 路差分信号经 26LS32 差分转单端芯片、经 RC 低通滤波电路、施密特触发器 SN74HC14 脉冲整形，得到三路单端编码器信号 A、B、Z，三路信号经 5V 到 3.3V 的电平转换后，接入 DSP 的增量式光电编码器接口，实现系统对电梯门的运行速度、运行位置的检测。

电梯门机控制系统与电梯系统中央控制器进行联网控制，为实现门机控制系统与上位 PC 的通信，系统配置了两个串行通信接口：CAN 与 RS485。RS485 通信接口实现门控制系统与上位 PC 的通信，工程技术人员可通过 PC 的 COM 口及 RS232 转 RS485 转换器，与门机控制系统通信，按照人机界面所设计的菜单参数，在 PC 上通过软件修改系统参数。通信程序采用查询的工作方式，任务程序设计成在系统停机模式下仍有效。

11.3　能量回馈

电梯作为垂直交通运输设备，其向上运送与向下运送的工作量大致相等，驱动主机通常是交替工作在拖动耗电和制动发电两种状态下。当电梯轻载上行、重载下行，以及电梯平层前逐步减速时，驱动主机工作在发电制动状态下。此时是将机械能转化为电能，过去这部分电能要么消耗在电动机的绕组中，要么消耗在外加的能耗电阻上。前者会引起驱动主机严重发热，后者需要外接大功率制动电阻，不仅浪费了大量的电能，还会产生大量的热量，导致机房升温，有时还需要增加空调降温，从而进一步增加了能耗。

电梯能量回馈就是利用变频器交-直-交的工作原理，将机械能产生的交流电（再生电能）转化为直流电，再通过电能回馈技术将直流电逆变成交流电回馈到电网，供电网其他设备使用，从而使总耗电量下降，起到电梯节能的目的。自从 20 世纪七八十年代开始采用晶闸管构成的有源逆变电路能量回馈系统以来，能量回馈技术日臻完善。在有效解决电动机处于再生发电状态产生的再生能量回馈方面，先后有德国西门子公司推出了电动机四象限运行的电压型交-直-交变频器；日本富士公司也成功研制了电源再生装置，如 RHR 系列、FRENIC 系列电源再生单元，它把有源逆变单元从变频器中分离出来，直接作为变频器的一个外围装置并联到变频器的直流侧，将再生能量回馈到电网中。

在当前市场上，实现电梯能量回馈的方式主要有两种。第一种采用主动式前端可控变频器（简称 AFE 变频器），即输入部分在连接的电动机处于四象限发电状态时，由于直流母线电压的升高，可自动将多余能量反馈给电网；在电动机需要用电时，开启输入侧的整流为直流母线充电，如图 11-5 所示。由于这种变频器相对成本较高，电梯行业中使用较少。该类变频器一般在较大功率变频器上应用较多，因为大功率变频器产品在使用后能够产生的节能效益非常显著。第二种是电梯行业中使用较为广泛的，即使用一台与电动机最大制动功率匹配的能量回馈单元，将其连接在驱动电动机的变频器直流母线上，并将回馈单元输出侧接到电梯供电端。能量回馈单元仅在电动机处于发电状态下时将多余电能回馈给电网。需要注意的是，无论采用何种能量回馈方式，都需要注意回馈电网时，必须具有可靠的电磁兼容性设计防护方案，避免污染电网质量。

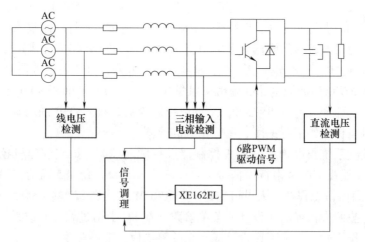

图 11-5　能量回馈控制系统结构图

采用电梯能量回馈技术所形成的经济效益和社会效益都十分明显。截至 2019 年底，我国在用电梯突破 700 万台，每年新增电梯在 10% 以上。如果对新增及老旧电梯都应用能量回馈技术，按照新增电梯 70 万台计，平均节电 8640kW·h/（年·台），全国仅新增电梯一项每年就可节约用电 60.5 亿 kW·h（按 0.60 元/kW·h 计算），可节约 36.3 亿元；再加上对全国约 100 万台老旧电梯实施节能技术改造，平均节电 11520kW·h/（年·台），全国每年又可节约用电 115.2 亿 kW·h，节约 69.12 亿元。新老电梯加起来每年可节约用电 175.7 亿 kW·h，可节约 105.32 亿元，经济效益十分显著。通过电梯能量回馈技术的推广和应用，不仅可以缓解国内日益增长的电力紧张矛盾，还将对我国节能减排，实施可持续发展战略，建设资源节约型、环境友好型社会，产生积极的影响。

本 章 小 结

由于我国是人口众多、人均资源匮乏的大国，节能目前已经成为各行各业关注的事情，电梯的节能主要体现在传动与拖动系统方面，比如永磁同步无齿轮传动代替蜗轮蜗杆减速传动，交流-交流变频驱动转换为交流-直流-交流变频驱动等。

习题与思考

11-1 相比于传统曳引钢丝绳，复合曳引钢带有哪些优点？

11-2 电梯能量回馈技术指的是什么？

11-3 试简述电梯在运行过程中，再生电能是如何产生的。

第12章

电梯改造设计及管理

随着在用电梯使用年限接近设计寿命，电梯电气控制、机械传动部分会不同程度出现老化和磨损，运行舒适感和平层精度会降低，某些电梯因制造年限较长，电气拖动系统、曳引机、限速器、安全钳、门机构件等许多部分均与相关国标有很大差异，甚至不满足 GB 7588—2020《电梯制造与安装安全规范》的有关规定和要求，存在着一定的安全隐患。主要部件逐步出现老化、技术落后、功能不能满足要求等问题，一般主要是曳引机、门系统和人机界面等老化磨损较为严重，控制系统、井道信号反馈多采用老式继电器控制，故障率高、耗电大、控制方式落后，需要更换配件和维修。但是这些电梯由于年代久远，配件大部分已不再生产而无法购买，并且维修起来也比较麻烦，导致这些电梯存在严重的使用安全风险，甚至出现坏掉后无法使用而停弃在电梯井道内的情况，这都给电梯使用方带来很多不便。而针对此情况最有效的解决方案就是对电梯进行大修和改造，直至使其符合当前的电梯安全标准和运行性能的需求。

12.1　电梯改造设计

电梯改造区别于电梯修理，其工作内涵不是简单地将零部件进行修复或更换就可以解决的，其主要特征是需对在用电梯按国家电梯安全规范进行一次再"设计"。电梯改造方案的设计是改造的核心价值部分，是根据电梯现有状况在原有的基础上进行改造的工程设计方案，花费最合理的费用，同时采用节能环保新型技术对现状进行分项局部改造或全项改造和更新。在确保设备的安全性能与可靠使用的前提下，实现以高质量与高性能产品为要求的目的，达到改造后的设备等同或接近等同于现代新梯产品的各项技术性能指标与质量保证要求，达到或接近新梯产品的使用寿命等要求，避免不必要的经济损失与浪费。所以电梯改造的方案设计将直接关系到改造后电梯的价值与使用效果。

12.1.1　电梯改造设计方案设计

按照国家标准对电梯改造的定义：对额定速度、额定载重量、轿厢质量进行改进，将控制系统、曳引机、限速器、缓冲器、安全钳、门系统、钢丝绳等部件进行更换。图 12-1 所示是电梯改造方案设计程序框图。

12.1.2　电梯改造现场勘查

电梯改造现场的勘查与测量是电梯改造过程中十分重要的一个环节。组织专业技术人员对拟改造的电梯进行仔细的现场勘查，需要了解旧电梯实际情况，针对性收集一些原电梯基

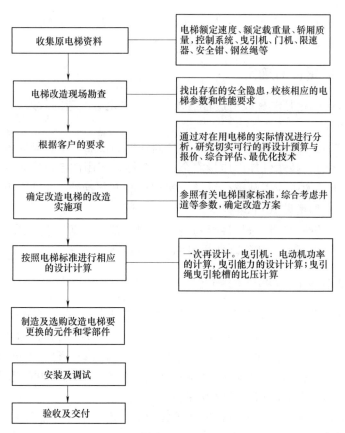

图 12-1　电梯改造方案设计程序框图

本信息，包括了解改造部件具体结构、勘测改造部件接口尺寸信息，作为设计改造方案的技术依据。核实收集的资料跟现场是否符合，同时可以找出电梯存在的隐患，提交检测评估报告，根据客户的要求，提出改造后的电梯主要参数，在此基础上有针对性地对电梯的薄弱环节进行更新改造，进行相应的再设计计算，进行电梯主要部件和易损部件的更换，确认更换或维修电梯所存在的安全隐患部件，通过采用新技术、新工艺对部分主要部件进行升级换代。使改造后的电梯接近甚至达到当前产品的技术性能与经济实用的要求，这样才能事半功倍，达到改造后的预期目的与效果。

　　如需更换曳引机，除了对曳引机电动机进行功率计算，还需进行曳引能力的设计计算。曳引绳、轮槽的比压计算用以判定所选的新的曳引机是否满足现用标准中规定的各项要求。同时对限速器、安全钳、缓冲器装置也应按新的速度参数进行设计配置。

　　现场勘查改造部件接口尺寸信息：

　　1）测量轿厢架上梁接口尺寸。

　　2）测量对重架上梁板接口尺寸及对重架整体外高尺寸 h。

　　3）测量轿厢操纵盘及厅门外呼尺寸。

　　4）其他旧电梯主要勘测信息：额定速度 v、顶层高度 H_s、提升高度 H、底坑深度 H_P、安全钳铭牌信息 P+Q、缓冲器缓冲行程 H_1、缓冲器未压缩自由高度 H_2、轿厢底层平层下梁缓冲板距离轿厢缓冲器顶面的安全垂直距离 H_3、轿厢顶层平层对重架缓冲墩距离对重缓冲器顶面的安全垂直距离 H_4、轿厢顶层平层轿厢架上梁上端面距离顶层顶部垂直距离 H_5。

5）控制方式集选、轿厢导轨型号、各层层高、各厅层站显示等。

12.1.3　电梯改造项目的确定

电梯改造项目的确定是电梯改造过程的核心，它决定着改造的效果和改造成本等。以下是改造现场部分情况：

1）通过现场勘查与测量，对旧电梯进行全面仔细的性能评估，制定改造方案。

2）对改造方案进行技术性能、质量安全、经济性、实用性与可实施性的综合评估。

3）控制方式上的改进应以从整个系统上实现产品升级换代、节能增效、提高自动化控制能力程度为基础，如增设 IC 卡装置。

4）驱动方式上的改进应以采用性能稳定可靠的新技术、新工艺、采用绿色环保的新型产品、增强电梯运行舒适感、节能降耗为目的。

12.1.4　电梯改造项目零部件的确定

电梯的部件按类别可分为非磨损性部件与易磨损性部件，又可按周期分为淘汰性部件与非淘汰性部件。机械部件有磨损或锈蚀但不存在老化，电气部件主要为老化但部分部件会有磨损，随着科技的发展和国家标准的要求，电梯在改造时需要综合考虑更新换代与被淘汰等问题。所以改造中要根据用户对产品的性能要求与经济预算给出既能满足目前需求并同时能考虑到长远利益的最合理的改造与维修方案。

电梯改造在采用主要部件进行自行制造的基础上，由于电梯零部件的生产厂家较多，在选择外购件的过程中不能单纯追求价格便宜，而须首选"三证"齐全、产品质量与使用效果稳定的产品。选购的安全部件如门锁、限速器、安全钳、缓冲器、绳头组件等除合格证外还应有国家权威部门提供的形式试验报告。对电动机和变频器一定要注意功率适配，主机系统中要注意曳引轮与钢丝绳的匹配等。

1. 电梯改造项目中常见的部件更新与维修后再利用

1）曳引驱动系统：如果原曳引驱动系统是采用直流系统（直流发电机-电动机系统或晶闸管直接供电系统），在改造时应更换整个驱动系统。这是由于直流驱动系统耗能数倍于交流驱动系统，在电梯电力拖动技术上早就被交流拖动系统所取代。如果原来是直流无齿轮驱动的，改造时可以更新为先进的交流永磁同步无齿轮驱动系统。如果原来是直流有齿轮驱动的，改造时仅更换交流曳引电动机或更新曳引机组，这样对整个曳引系统的改动最小。

如果原曳引驱动系统的调速方式为变极调速或交流调压调速控制，在改造时可更换为变压变频调速系统。改造时可将原多绕组电动机中的快速绕组（增设旋转编码器）为新的变压变频调速系统所利用，也可仅更换新的交流电动机或更新曳引机组。

改造中如无特别需求，应避免有齿轮驱动系统与无齿轮驱动系统之间的改变，即悬挂系统 2∶1 的绕绳方式改动为 1∶1 的或反之。这样牵扯到整个悬挂系统，包括曳引机组、轿厢架、对重架、轿顶轮、对重轮、各绳头板组件等变化，以及机房地面留孔和承重座的变化，大幅增加了对整个悬挂系统改动的费用。

2）电气控制系统：在进行幅度比较大的改造时，一般都考虑更换电气控制系统，首先更换的是控制柜，更新为微机控制系统与调压调频调速系统的结合。

当前产品电梯的控制系统都以微机为控制单元，采用多微机局部网络化控制系统，控制系统以机房控制柜内的主计算机为主控单元（也叫主板或中央微计算机），其他各个系统，如轿厢内的操控盘，轿厢内的楼层显示系统、自动门机系统、轿厢称量系统、每层层外的呼梯及显示，都为单独的微机板。这些微型计算机群以数据总线与电气控制系统主计算机系统相连传递信息与任务，控制执行各自的指令与操作，执行分散控制、集中管理原则。

各微机板与数据总线（即串行通信总线）相连（采用一根2芯双绞线将各计算机相串联），使原电梯控制系统中与井道、轿厢的电气连线大大减少。这样不但能快速、安全、可靠地传递信息，而且同时能与改进后的楼宇智能化系统（如消防、保安、监控、远程监控等楼宇设备控制自动化信息系统）相连、并网交互联动，可以把电梯所在的实时楼层信号、运动方向、消防信号以及故障信号等状态通过总线信号传送至监控中心并进行必要的控制，使电梯成为安全、舒适、高效的楼宇垂直运输服务工具。

对于载货电梯的改造，较为合理的做法是不改变原来的变极调速方式（载货使用的电梯一般起动速度慢，会降低舒适感），改造或更换控制柜，将原继电器逻辑控制系统更新为可编程序逻辑控制系统。

可编程序逻辑控制器（PLC）适合使用在各种恶劣环境下且故障率极低，控制器的工作一般状况下可达到30万h（34.25年）无故障，但控制电路的输入与输出变化是靠系统对"电气原理图"变化后的每次图扫描得出，所以反应速度较慢，因此仅适用梯速不高、楼层数不太多、两台以下并联电梯的控制系统。由于PLC控制器的费用较低，所以在可用场合的性价比相当高。

3）呼梯及指令、显示系统：轿厢内的操纵盘系统、轿厢内的显示、各层外的呼梯及显示盒等在改造中一般都会随着新的控制系统一起更换为当代（如液晶显示、数码显示等）新型产品。

4）导轨与导轨支架：电梯的导轨与导轨支架为运动部件的导向系统。导轨为标准件，可视为非磨损性部件。只要在安装时未遗留质量与安全隐患，在使用年限内也没有过分地发生安全钳误动作等使导轨表面产生过多机械损伤的情况，导轨与导轨支架则完全可以通过清洁、除锈、油漆等方法实现再利用，即使在安装中存在有导轨尺寸技术指标超差等安装质量问题，也完全可以在改造中进行重新校直后再利用，达到与新梯相同的技术性能指标、质量保证要求与同等的使用寿命要求。

5）对重（平衡重）装置：对重架大多为型钢（槽钢）与铁板焊接而成，所以可以通过对对重框架的清洁、油漆等方法实现完全再利用。最多也就是更换对重导靴衬、修理对重轮或更换轴承等就完全可以达到新梯同等效果与要求。

6）主机承重梁：改造项目如果不涉及更换主机，则主机与主机承重梁将可直接利用。如果涉及更换主机，只要改造后电梯的载重量与提速向上变化量不大，主机承重梁/框可通过局部改建后再利用。

7）轿厢架与轿厢：轿厢架由型钢构成上梁、底梁与立梁组件拼装组成，改造时可通过除锈、油漆等方法实现再利用。轿厢由型钢与铁板加工构成轿底，由冷轧钢板折弯、焊接、加固等构成轿顶，加之轿壁板、门楣等通过拼接成轿厢整体。施工时可通过加固、除锈、油漆等方法实现再利用。轿厢内部可通过装饰、更换吊顶、更换操纵面板、按钮、显示、增加扶手等使之焕然一新，如附加空调可使电梯乘运体验感更舒适。

若原轿厢是固定式的，需将其改造为活动轿厢，便于称量轿厢内载荷，其方法为在原轿厢与轿厢架之间增设轿厢托架，托架可以用两根大角钢型件与两根小角钢型件反向焊接成框，大角钢与轿厢架底梁上端固定形成轿厢托架，将原轿厢斜拉条设于托架上，在轿厢与托架之间按重量要求增设单位弹性橡胶垫或压力传感器等称量装置，将轿顶卡板改为滚动形式。以此便可达到当代产品所需的无司机操作与轿厢自动称重、预负载起动等技术功能要求。

8）层门与轿门：层门与轿门的门板为冷轧板加工而成，除特别潮湿的地下层易腐蚀外，通常可通过清洁、除锈、油漆、外包装饰面等方法实现再利用。层/轿门可通过更换滚轮（门葫芦）、上坎滑轨（如从成本考虑至少需要更换轿厢与基站层门滑轨）、导靴衬（门脚）、地坎（如从成本考虑至少需要更换轿厢与基站层门与个别被损坏的地坎），改造层门锁钩系统、轿门门刀结构，增加门光栅/或安全触板等方式达到与新梯相同的技术性能要求。

9）自动门机系统：自动门机系统在改造时可以根据不同的要求考虑去留。这是由于电梯层门与轿门对乘客而言是最重要的保护装置之一，也是电梯故障率发生的最高部位。层门与轿门的运动质量牵涉到电梯的品质与乘坐舒适感，所以应力所能及地考虑自动门机系统的更新与换代。现代产品电梯的自动门机系统大多采用的是微机控制变频调速的永磁自动门机控制系统。

10）限速器/限速器张紧轮、安全钳、缓冲器等安全部件：限速器/限速器张紧轮都是易损性部件，在改造时没有维修价值，应予更换。如原产品为瞬时式安全钳，若改造后电梯额定速度大于0.63m/s，在改造时须予以更换为渐进式安全钳，以满足国标要求。如原产品就是渐进式安全钳，那就需要根据现状来决定去留，如留用的必须对其进行必要的修理与调整。

如原来为蓄能型缓冲器（弹簧缓冲器），若改造后电梯额定速度大于1m/s，在改造时须更换为耗能型缓冲器（液压缓冲器），以满足国标要求，如原产品就为耗能型缓冲器（液压缓冲器），一般可维修、油漆后再利用（除底坑常积水严重锈蚀的以外）。

11）钢丝绳：常规区分为曳引钢丝绳、限速器钢丝绳，钢丝绳在使用一定的年限以后都会按照使用寿命和使用状态来进行更换，在周期性更换后如处于改造阶段也同样需要更换，以能确保与新曳引轮径和槽型进行匹配，且需选择符合电梯专用钢丝绳标准GB/T 8903—2018的规格和型号。

以上针对电梯改造时遇到的问题，分析了老旧电梯在改造过程中的安全技术问题，从而提出一系列相应的解决措施。

2. 电梯改造施工中应注意的问题

1）电梯型号选择：电梯选用的合理性，主要是根据电梯是否具备良好的输送能力进行确定，而输送能力的标准必须控制在运行高峰期5min的运载输送能力为依据。随着电梯技术的飞跃，变频VVVF和群控电梯被普遍应用，实现了良好的运行调度。电梯每次到达门厅的时间要在3min以内，间隔不应太长。

2）检查并确定门锁是否符合要求；限速器是否有电气安全开关；安全钳配置是否是瞬时式安全钳；缓冲器改造后配置是否符合要求；层门是否有三角钥匙装置；轿厢护脚板高度大小是否符合标准要求，等等。

3）控制好井道尺寸：对井道垂直度的偏差、顶层底坑的数据要重点勘测，进行方案设计时先测好井道参数尺寸，使改造后的电梯轿厢载重量、面积和净高空间等其他重要指标不小于改造之前的数据。为了避免因井道浇筑致使滑模位置变换从而缩小有效范围内的空间，所以必须要以导轨距作为基准线。

4）电梯功能性方面要检查并确定下列几项：电梯是否有门防夹装置和称重装置；轿厢面积是否符合标准；轿顶检修运行优先原则是否得到保证；紧急报警装置设置是否符合标准要求；电气安全装置设置不全或不当；电梯轿顶是否有检修箱，等等。

5）控制好厅门尺寸：通常主钢筋就在水泥保护层下面，而电梯门口两侧的保护层厚度过薄。所以电梯门口的位置在调整时，一定要避免使用切断钢筋的方法。

6）接地线、端站限位的控制：端站运行控制时，重点要注意更新后的新电梯匹配程度，其关键在于对底坑深度、顶层高度的把控。而接地线是为了更好地满足老旧电梯改造后的兼容性，施工时一定要根据具体的施工质量规范做好接地工作。

3. 电梯在管理方面的措施

（1）对电梯改造实施单位进行资格评审

老旧电梯的重新改造，要进行缜密的方案设计、严格的零部件选型和重新组装配置，这一过程基本上是对电梯进行了重新的设计和整改。施工单位的资质不仅要符合评审标准，还要对新方案有较高的熟悉程度和具备较强的专业技能，电梯整改工作不仅对改造单位有高的标准，也对后期电梯维修保养单位有较高的能力要求。

（2）加强对老旧电梯改造过程中、改造后的检验工作

在老旧电梯改造中，要对方案进行全面选择审查，不仅要对内容进行多次核实，还要对内容制定出较为详细和充分的规定。而审查单位要选择资质健全的大型单位，审查人员也要具备相应的专业操作能力。改造完成后，要严格按照施工标准进行检验，要确保每项在符合综合性能的同时都符合安全性能指标。

（3）制定符合国家标准的管理制度

老旧电梯的改造要符合我国现有的法律法规，并组织专业电梯施工人员和技术水平较高的维护人员制定一套符合全国统一的老旧电梯改造方案。在方案中要全面地提出老旧电梯安全性技术和管理措施。

12.1.5　电梯改造项目设计

根据项目工程具体的改造要求列出改造内容，根据用户要求、按照国家标准，并应充分考虑部件间的合理配置及部分部件改动后机构的协调等，经过论证以及可行性分析后转入设计和开发管理程序。

电梯改造是一次再设计和再生产。一般都要更换驱动曳引机，对曳引机除了应计算电动机功率和电流外，还需进行曳引能力的设计计算、曳引绳曳引轮槽的比压等计算，用以确定所选的新的曳引机是否满足现行标准中规定的各项要求。同时对钢丝绳、限速器、安全钳、缓冲器装置也应按新的速度、载重参数进行设计配置。

如果需要更新为永磁同步无齿轮曳引机，则需进行曳引机及曳引钢丝绳选型和匹配性设计。这个设计过程是按原电梯系统质量来通过曳引力计算、曳引钢丝绳安全系数、上行超速保护装置制动重量计算来确定曳引机、曳引钢丝绳及补偿链技术参数要求，如曳引轮直径、包角及轮槽型角、槽数、曳引钢丝绳直径及绳根数、补偿链单位质量等。根据计算出的技术参数去选择满足条件的曳引机、曳引钢丝绳及补偿链。另外，需要注意的是，选取的曳引机制动器必须满足上行超速保护要求、轿厢意外移动保护的制停子系统要求，并有相应形式试验证书。

1. 改造项目的设计和开发策划

对项目工程具体的改造内容，按改造施工单位制定的"改造设计和开发控制程序"要求，对该项目设计和开发过程进行策划和控制。

（1）改造项目设计和开发

根据改造项目内容要求，确定设计输入，包括：

1）功能和性能的要求。

2）适用的法律和法规的要求。

3）以前类似产品设计提供的信息。

4）顾客的适用土建图及其他技术资料等。

5）必需的其他要求。

之后，应对这些改造项目输入进行评审，确保输入是充分和适宜的。

（2）改造项目设计和开发输出

确定改造项目设计和开发的输出，包括：

1）满足改造项目设计和开发输入的要求，能针对输入进行验证。

2）给出改造项目采购、生产和服务提供所需的适当信息。

3）给出判定改造项目产品是否合格的接受标准。

4）确定改造项目产品正常使用至关重要的特性和对改造项目产品安全性有影响的安全特性。

5）改造项目输出文件在发放前应予以批准。

（3）改造项目设计和开发评审

在适当的阶段，对改造项目设计和开发应进行系统的评审，以便评估改造项目满足要求的能力，以及识别改造项目问题并提出改进措施。

评审的参加者应包括所评审的改造项目设计和开发阶段有关职能的代表。评审的结果及改进措施应予以记录。

（4）改造项目设计和开发验证

改造项目的设计和开发应进行验证。改造项目设计和开发的验证包括以下几个方面：

1）变换计算方法进行验证。

2）与原有成功设计进行比较。

3）适当进行试验。

改造项目验证的结果及跟进措施应予以记录。

2. 改造项目的施工组织方案

电梯改造施工组织方案应在改造项目得到确认后或开始改造前由施工单位组织相关工程现场技术人员、管理人员、质量控制人员、安全监督人员等，按改造工程的具体情况制定出能符合工程实际情况、切实有效的项目改造的具体实施方案，从项目开始改造前就制定改造施工组织方案，不仅能保证施工作业有计划、按条例实施，而且能从根本上杜绝改造工作中出现的无序与混乱，如缺乏沟通与协调、工序颠倒、等工窝工、影响工程质量、影响施工进度等情况。科学合理的方案能切实提高工作效率和工程施工质量，避免意外事故的发生。此外，在方案的制订中应考虑到施工现场的状况和客户的要求，确保向客户提供最优质的服务。

3. 制订依据

电梯施工组织方案需严格按照改造合同中的相关条款制订，并且必须保证符合安装工艺和流程以及管理文件中的相关要求，国标 GB 7588—2020，TSG T7001—2009 等国家其他与电梯相关安装相关的法律、条例和规定。

施工方案内容包括以下内容：

1）工程概况及特点说明。包括项目名称、工程特点、设备技术参数、工期、人数及安装设备。

2）主要施工方法和技术措施（安装工艺的现场实施）。

3）组织机构、质量计划的保证措施。

4）施工进度计划及保证措施。

5）安全生产、文明施工保证措施。

6）主要劳力、机具、材料及加工件的使用计划。

7）施工平面图。

8）进场计划。

9）成本测算。

12.2 电梯改造安装

12.2.1 电梯改造现场管理

1. 拆除前期准备

1）现场施工人员的安置。进场前需要总承包商协调提供一个或多个足够面积的场地，搭设备件仓库和暂舍，同时施工单位向工地管理单位提供各种进场资料。

2）每台电梯提供一个灭火器。

3）了解现场总包单位施工安全管理要求。

2. 拆除工程准备

1）现场施工人员安置。

2）脚手架按相关规范搭设和验收。

3）施工用电架设。

4）电梯设备拆除保管情况。

5）现场总包单位施工安全管理要求。

6）确认具备向政府部门办理电梯施工告知的必要材料。

3. 安装前期准备

1）机房和井道建筑工程的完成。其具体要求：井道内建筑部分的模板、脚手架应拆除，清除废料。

2）施工用电。由甲方提供符合要求的机房电源及照明。

3）每台电梯提供一个灭火器、机房通风良好、安装向外开启的防火门。

4）电梯设备货物存放以及二次运输。电梯包装箱运至施工现场前，甲方提供足够面积的临时周转场地，以便卸车及转运用。

4. 安装工程准备

1）机房和井道建筑工程勘查验收。

2）现场施工人员安置。

3）脚手架按相关规范搭设和验收。

4）施工用电架设。

5）电梯设备到达工地及保管情况。

6）土建总体进度及施工管理情况。

7）现场总包单位施工安全管理要求。

8）确认具备向政府部门办理电梯施工告知的必要材料。

12.2.2 电梯改造技术管理

1）项目负责单位具备本次所安装、改造的类型、规格的电梯安装、改造资格，所承担安装、改造的电梯是具有合法资格制造商正式出具产品合格证的产品，并且已向当地质量技术监督局办理了安装告知手续。

2）项目施工单位已从电梯制造商处获得了本次所安装该类型电梯最新版本的相关技术文件，按电梯的形式、规格配备了完整的安装工艺文件、企业标准以及自检规程、国家标准以及安全技术规范。

3）所有施工人员均已办理施工人员用工手续，所有人员都已备齐相应有效的特种设备作业证。

4）现场已经备齐施工中所需要的计量、测量器具，并且具有检测合格证书。

5）项目负责单位在本次安装、改造工程中将执行严格的质量保证措施，包括材料进场管理措施、工程质量管理控制措施、施工操作管理措施、施工技术资料管理措施等。

6）项目负责单位在本次安装、改造工程中将执行严格的安全保证措施，包括组织管理措施、工作制度管理措施、劳务用工管理措施、临时用电管理措施、现场消防管理措施、施工机具管理措施等。

12.2.3 电梯改造安装工艺

为了保证电梯改造安装的质量和安全顺利地运行，工作人员需具有较好的基础理论知识、机械制造基础知识、电气基础知识、管理知识和多任务操作技能，熟练掌握电梯安装的专业知识和操作技能。

电梯改造安装工艺流程如图12-2所示。

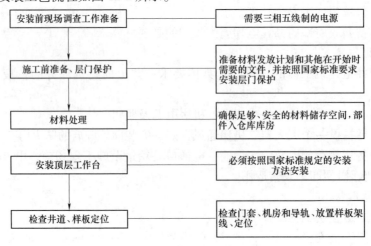

图 12-2　电梯改造安装工艺流程

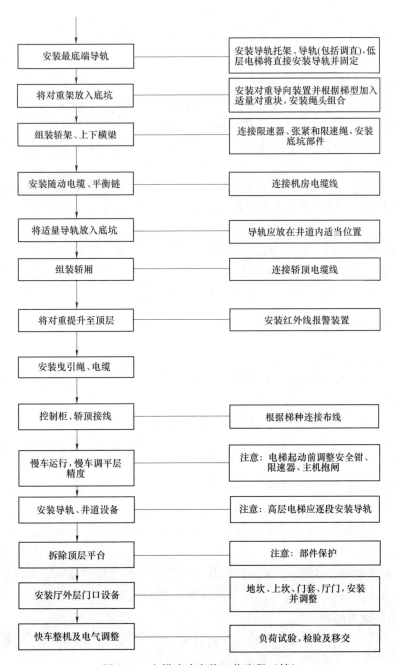

图 12-2　电梯改造安装工艺流程（续）

12.3　电梯改造安全管理

12.3.1　安全施工要求

1）参加电梯维修及调试的所有员工必须经过专门技术培训，持作业操作证方可作业。

2）工程开工前，施工人员应对监督进行的安全技术交底进行学习。牢固树立安全第一、预防为主的思想，严格执行安全操作规程，确保工作顺利进行。

3）参加该工程的全体施工人员，要认真学习电梯施工工地安全标准中的有关内容，并认真贯彻执行。

4）电梯井道口必须设置明显的安全标志及警告牌，做好围栏防护措施，井道应配置足够的照明，电动工具使用应有良好的接地保护，电源配电箱应装设漏电开关。

5）每位施工员工配备专用有效的修理工具和个人防护用品，以便施工人员安全、有效地完成修理工作。

6）施工现场必须严格遵守安全消防技术规程、规范、标准。做好防火措施，按规定设置足够的消防器材，对防火有要求的现场，必须办好动火证，并派人监护方能进行动火施工。

7）员工在进行电工作业时，必须按照制定的施工现场安全管理规定。

8）在电梯井道内施工，凡遇有身体不适者应向组长提出不能进入井道内施工。

9）现有施工人员必须严格遵守安全生产规程、规范、标准。

12.3.2 电梯改造安全管理措施

1. 现场安全管理措施

1）进入施工现场必须戴安全帽，禁止穿拖鞋或光脚，在井道内施工时必须系安全带，严禁酒后作业。

2）机械设备必须由电工接线，禁止带负荷接电，并禁止带电操作。

3）施工中应注意电梯的各开口部分应该加设安全护栏，张贴安全标志，防止有人员或其他杂物掉下。

4）使用梯子作业时应该经常检查是否牢固，安放靠梯时，其坡度不得超过50°，梯顶端应该固定在建筑物上，底脚应该设防滑坡，或者下边有专人扶住。

5）使用电、气焊作业时要有操作证，并清理好周围的易燃、易爆物品，配备好消防器材，并设专人看火。

6）井道入口应无杂物堆积、畅通、物品摆放整齐。如杂物为业主或总包放置，而施工方又无能力或估计移走会产生矛盾，须与甲方协商解决。

2. 现场消防安全措施

1）施工现场配备消防器材和设施，经常检查，发现隐患及时上报处理，现场施工的设备、材料堆放不得占用或者堵塞消防道路。

2）严格执行现场用火制度，电、气焊用火前须办理用火证，并设专人看火，配备灭火器材。

3）仓库不准设置炉灶，不准吸烟，不准点油灯和蜡烛，不准任意拉电线，不准无关人员入库。

4）加强以电、气焊作业，加强对氧气、乙炔及其其他易燃、易爆物品的管理，氧气瓶与乙炔瓶的间距应该大于10m，及时清除施焊点周围的易燃物，并设专人看火，备好消防器材，杜绝火灾事故的发生。

3. 临时用电管理措施

1）临时用电线路的架接和电动工具的接驳与日常检修等工作应由有电工特种作业证、合格的人员进行。

2）作业人员必须穿戴和正确使用个人防护用品，如防护面罩、防护服、绝缘手套、绝缘鞋等。

3）所有用电器的接线须通过二级漏电保护装置移动配电箱引出，不准直接从总包或业主的总配电箱引出使用。移动配电箱内至少应包括相应的漏电保护器、熔断器及合适的开关、插座。

4）施工临时用电线要整齐有序，不准乱拖、乱拉及拉出过长；不准有老化、裂纹现象。

5）小太阳灯要有接地线，手提行灯（如白炽灯等）要有外罩。小太阳灯及手提行灯应悬挂或放置在合适之处，其灯泡不要与安全绳、安全网、电线、脚手架竹篱笆等接触，应保持一定距离。

6）插头、插座应完好无损，不准使用多用插座。

7）禁止带电器具无人看管；作业人员离开现场一定要切断电源，并妥善安置用电器具。

8）电焊机要有外壳及可靠的接零或接地保护，电焊钳绝缘要良好，放置整齐，不要乱扔乱放。

9）井道内要有足够照明，通风良好。

本 章 小 结

电梯的改造技术是一门集电梯整机设计、制造、非标准土建设计、电梯零部件的布局与配置，非标准部件的设计与选型、电梯的工程设计和安装工程施工等的综合性电梯学科技术。对在用电梯按国家电梯安全规范进行一次再"设计"。电梯改造方案的设计是改造的核心价值部分，是根据电梯现有状况在原有的基础上进行改造的工程设计方案，花费最合理的费用，同时采用节能环保新型技术对现状进行分项局部改造或全项改造和更新。在确保设备的安全性能与可靠使用的前提下，实现以高质量与高性能产品为要求的目的，达到改造后的设备等同或接近等同于现代新梯产品的各项技术性能指标与质量保证要求，达到或接近新梯产品的使用寿命等要求，避免不必要的经济损失与浪费。所以电梯改造的方案设计将直接关系到改造后电梯的价值与效果。

习题与思考

12-1 电梯改造主要对哪些部件进行更换？

12-2 简述电梯改造施工中需要注意的问题。

12-3 简述电梯改造主要的安装工艺流程。

12-4 简述电梯改造现场安全管理主要措施。

第 13 章

电梯发展展望

13.1 环境保护

电梯虽然谈不上对环境有多大污染，但随着社会的发展进步，其电磁污染、电子产品污染、涂料或油漆污染、机械油污染、噪声污染以及所用材料燃烧时产生有毒有害气体或大量烟雾的污染问题应该受到人们的重视。

13.2 电气安全技术代替传统机械安全设施

电梯发展到今天，电梯安全的技术却基本上没有变化。这是因为 EN81 和 A17 系列标准考虑机械装置或机械电气开关系统不允许使用其他的安全保护。2006 年 1 月 ISO/TC178 起草了 ISO/CD22201《电梯安全用可编程电子系统的设计和开发》。2005 年 CEN 批准了 EN81—1：1998A1 关于 PESSRAL 的修正案。目前，在欧洲可编程电子系统已经使用在电梯的安全防护上，比如：减小缓冲器行程时的减速控制装置、开门平层再平层对接操作的门屏蔽装置、浅底坑和减小顶层高度的防护装置、电子限速器以及可变速电梯 PESSRAL，可以进一步提高电梯的安全性，提高电梯的故障可预测性、运行可靠性和远程监控能力，减少机械系统失效、触点的污渍、烧蚀及机械损坏所导致的停梯故障或事故。目前 IEC/EN61508 已经转化成 GB/T 20438—2017 系列国标。电子/可编程电子系统的安全使用使全静态元件控制的电梯可靠性大大提高，维修费用减少，噪声降低，适合于易燃、易爆危险环境使用。电子电气安全代替机械安全是必然的趋势。

13.3 改变传统的悬挂与驱动方式

圆形钢丝绳悬挂是我们所习惯的也是标准要求的方式，目前已经出现的扁平钢丝芯传送带、非金属绳以及扁平钢丝绳等就是悬挂媒介的革命。非曳引式摩擦驱动、磁悬浮驱动等突破现行标准的驱动方式，已经表现出其相对曳引驱动的优点，无对重曳引驱动、多轿厢循环电梯系统，以及多台电梯（或者说是轿厢）运行于同一井道的系统等，都是突破现有技术和标准的发展方向。

13.4 非金属材料代替金属材料

目前已经使用的非金属导向绳轮、非金属衬垫和轴瓦，以及欧洲使用的非金属绳，一方面表现出其相对金属制品的使用或价格优势，另一方面也是顺应节省不可再生资源、保持可持续发展的全球大潮流。

13.5　基于实时交通流量分析的群控派梯系统

由于高端产品的市场一直是国外大公司的天下，群控技术在国内一直发展缓慢。国内企业要想争取高速梯市场，基于实时交通流量分析的群控派梯系统是必须解决的问题。进入候梯厅的目的层选层派梯系统、具有自学习功能的智能群控系统等，是提高电梯运行效率、合理发挥电梯运输能力的有效手段。

13.6　控制与拖动一体化、控制系统集成化

控制与拖动一体化、控制系统高度集成化、控制与拖动装置布置的分散化等电气技术，是今后的进一步发展方向，如图 13-1 所示。

图 13-1　控制与拖动一体化、控制系统集成化

13.7　设计人性化、细致化

外观漂亮大方、设计人性化、使用操作方便的电梯作为建筑物内的长寿命固定设备，其人性化、细致化设计就显得更为重要。相对于我国现行的建筑行业标准 ISO/FDIS4190-5：2006《电梯和服务电梯 第 5 部分：操作装置 信号及附件》以及欧洲标准 EN81-70：2003《人员包括残疾人员对电梯的可接近性》在人性化、细致化方面提出了更合理更全面的要求。

13.8　安装标准化、安装空间小型化

设计合理、制造质量良好的电梯，可能会因为安装不到位而变成运行质量差、故障频繁的三流产品。解决安装问题，一方面是提高安装水平，另一方面是把电梯的问题尽量解决在制造厂内。减少在安装现场的工作量和工作难度，把电梯做成标准化安装的"傻瓜型"产品。前些年出现的无机房电梯，目前在欧洲出现的无缓冲器电梯，浅底坑或小顶层高度电梯、无对重电梯，可以直接安装在地板上而不需要底坑的扁平自动人行道，以及双层轿厢电梯和单井道双电梯等，减少了电梯安装所需空间，增大了建筑物的建筑空间有效利用率。

13.9　电梯与建筑一体化

电梯是现代建筑物的区间等，与建筑功能、交通流量计算有关的方案就是建筑物整体规划和构造的一部分。电梯装潢的风格和材料，乘客可见部分的造型和格调，都不仅仅是电梯本身的事情，布局合理、浑然天成的电梯，不仅能很好地完成其运输功能，而且能提升或衬托建筑的档次。反之，电梯本身可能成为建筑物的瑕疵。电梯与建筑融为一体，应该是高档功能建筑、别墅洋房及个性化建筑的一个必须引起重视的问题。

13.10　需求和产品个性化

目前大家所熟悉的电梯还只是乘客电梯（含观光电梯、病床电梯、住宅电梯、客货电梯）、杂物电梯、自动扶梯和自动人行道等，实际市场所需要的还有消防员电梯、斜行电梯、船用电梯、仅运送货物的电梯、升降平台（家用电梯、楼梯扶手电梯）等。随着经济建设的发展和社会生活水平的提高，电梯产品需求的个性化和多样化也提到议事日程。

13.11　无曳引钢丝绳电梯

德国蒂森克虏伯公司通过新的技术，研发出完全不使用钢缆，可以左右水平移动的电梯。新的发明不仅提高了电梯的运行效率，还减少了对建筑空间的占用，如图 13-2 所示。

这款电梯被称之为"MULTI"，参考了地铁的轨道式设计。通过相应的滑轨，来实现电梯的上下左右移动。在建设的过程中，通过滑轨的方式进行连接，电梯厢体则可以顺着滑轨进行移动。新式的电梯将无须使用以往的钢缆设计，因此使用的安全性更高一些。此外，电梯厢体还采用了新型的复合材料制造，本身的自重也比传统的电梯要轻。

根据现阶段的测试结果表明，改造后的电梯相比传统的电梯，整体运力有了 50% 的提高。因此，平均下来，使用者等待电梯的时间也会大幅减少。目前，新的横向电梯还处于试验阶段，按照最乐观的估计，将会于近期正式投入使用。

图 13-2　无曳引钢丝绳电梯

13.12　太空电梯

太空电梯的概念最早来自 20 世纪 70 年代，著名的火箭科学先驱者齐奥尔科夫斯基（Knostantin Tsiolkovsky）设想了一个建立在巨塔顶端的"太空城堡"（或许圣经里的巴别塔更早，不过那里没电梯）。

真正从技术角度描述了这个问题的是阿瑟·克拉克。据英国《每日邮报》报道称，科幻作家阿瑟·克拉克在 1978 年出版的《天堂之泉》（*Fountains of Paradise*）中曾描写过太空电梯的构想，人们可乘电梯去太空观光并运送货物。

太空电梯的主体是一个永久性连接太空站和地球表面的缆绳，可以用来将人和货物从地面运送到太空站。太空电梯还能用作一个发射系统，因为太空电梯必然被地球带动旋转，而越高的地方速度越快，所以将飞船从地面运送到大气层外足够高的地方，只要一点加速度就可以起航了。或者用太空电梯把零部件带上太空站，在那里组装，如图 13-3 所示。

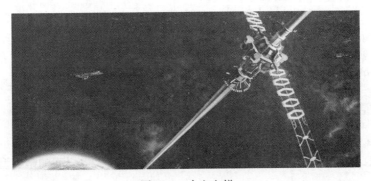

图 13-3　太空电梯

13.12.1　太空电梯结构

1. 基座

基座基本上是在赤道上，因为这样从地球同步轨道上垂下来的距离最短。基座有固定式和漂移式两种选择，其中固定式的比较容易完善周边的硬件设施（发电器材、指挥所、太空港），但漂浮式的，无论是海上的大型平台甚或是平流层中的大型飞行平台，都有借移动来躲避不良气候或太空杂物的可能，因此也有不少支持者。

2. 缆绳

事实上称之为（缆带）可能更合适，因为如今的设计都倾向于使用一条扁长、像录音带那样的带子作为主缆绳。这条缆带也不会是从头到尾一样粗的，据计算，在地球同步轨道处缆带所承受的拉力最强，因此这地方会最粗，然后向两边变细来节省重量。缆带的材质问题是阻挠太空电梯发展的最大因素，人类已知的材料还没有一种能达到太空电梯所要求的强度/重量比。最有希望的材质是碳纳米管，可是虽然个别碳纳米管能耐受的张力已经达到承载太空电梯的标准，但拉成缆带后就无法维持这样的耐力了。不过倒也不必太担心：碳纳米管已经注定是未来一个极重要的研究方向，因为它的用途实在太多了。一旦材料科学的研究以及大规模的生产大力发展起来，缆带终究会有解决方案的。

3. 电梯舱

电梯舱是在缆绳上爬的那个部分。太空电梯毕竟不是传统电梯，从天上垂一根超长的绳子下来把电梯吊上去是不太可能的——电梯要自己想办法爬上去。最简单的方法是在电梯上装马达，带动夹着缆带的一组轮子转动，从而取得向上的动力。马达的电源可以从缆带上取得，或用装在电梯舱上的发电机，但这两种都会增加重量。比较省重量的方法是在电梯舱上装两片反光板，然后从地面发射激光将电梯舱"射"上去。这听起来很科幻，但实验表明，这其实是个可行的方案，只要激光能量够大。

4. 太空站

最后，是在缆绳另一端的太空站。太空站是必需的，因为要抵消缆绳的重量。事实上，人们设想中的太空站不是放在同步卫星轨道上，而是更高一点的位置，因为整条缆绳加太空站全体的重心要放在地球同步轨道上才不会发生偏离。太空站的建造会相当麻烦，因为随着缆绳的加粗，太空站的位置要不断地调整。但一切顺利的话，到最后太空站除了可以当平衡锤之外，还可以当作人类前往其他星球的发射台。

美国的太空电梯竞赛已经三次以无人达到标准（2m/s 的上升速度）告终，但美国很认真地要继续推动这个技术的发展。日本则是投入了 73 亿美元发展自己的太空电梯技术，希望能在这个领域取得领先。谁先造出第一部太空电梯，几乎就等同于赢得了殖民外层空间的门票，因此可以想象当技术进步到一定程度之后，一定会引发新一波的太空竞赛。

13.12.2 太空电梯主要用途

根据科学家们的设想，太空电梯应该是从距离地面 3.6 万 km 的地球同步卫星向地面垂下一条缆绳至地面基站，并沿着这条缆绳修建往返于地球和太空之间的电梯型飞船，往来运输物资。

太空电梯可以搭载包括大型太阳能发电机、核废料等各种物品，还可以载人。更重要的是，太空升降舱上天不需要携带大量燃料，预计所耗能量不过为宇宙飞船发射的 1%。英国的一项测算显示，用太空升降舱运送一个人和行李的费用仅相当于常用航天飞机运送费用的 0.25%。

在进入太空探索时代后，造太空电梯是人类长久以来的梦想，每发射一次太空飞船所需的惊人费用让科学家重拾太空电梯的理念。在宇宙空间里建造超长的"太空电梯"（又称"天梯"），用车厢将货物运送到太空站或者空间基地，可以大大节省人类太空探索的成本。

利用太空电梯运送游客，还能发展太空旅游业。电梯会携带太阳能发电系统，这样发出的电能不仅能支持电梯本身，多余的还能为地球供电。天梯还能当作信号发射塔，传输信息。

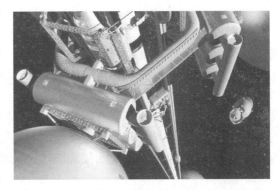

从上电梯后到3.6万km的高空要花去7天的时间，即便每个电梯厢都在以200km/h的速度运动。对比之下，一架太空飞船的飞行速度能达到2.8万km/h，"天梯"走7天的距离太空飞船一个多小时就能走完。

图13-4　停靠到在轨基地（太空站）的太空电梯

13.12.3　太空电梯基本特点

太空电梯可以重复使用，由在轨基地（太空站）的太阳能电池板供电（见图13-4）；这种交通方式，是一种将人类和货物送入太空的低成本方式。

电梯可重复使用，成本低，选择搭乘太空电梯这种方式，游客无须预先进行任何训练，让空间站成为一个真正意义上的度假胜地。

1. 太空电梯工作原理

通过升降舱工作：最多容纳30人，时速201km，太空游客将搭乘类似电梯车厢的升降舱进入太空，升降舱系在碳纳米管制造的缆绳上；安装在在轨基地（太空站）上的太阳能电池板负责为太空电梯提供电量。搭乘这种电梯，游客需要一周多时间便可进入太空。

2. 衍生问题

有专家曾经指出，碳纳米管还只是毫米级制品，距实用差距甚远；向3万多km外的太空发射各种电梯建设材料花费巨大；这种太空电梯一旦因严重事故崩塌，空中和地面的损失也将十分惊人。专家们认为，面对这些难题，太空电梯短时间内恐怕很难开工。

另外，当太阳风向太空电梯施加压力时，来自月球和太阳的重力作用将使绳索变得摇摆不定。这将有可能使太空电梯摇摆造成太空交通障碍，太空电梯也可能会碰撞上人造卫星或者太空垃圾残骸，这样的碰撞将导致绳索断裂或太空电梯失事。为此，太空电梯必须在内部建造推进器，以稳定太空电梯致命的摇摆振动，但这又将增加电梯建造的难度和建造维护成本。

13.12.4　建设计划

1. 俄罗斯

最早提出太空天梯设想的人是俄罗斯著名学者齐奥尔科夫斯基，他提议在地球静止轨道上建设一个太空城堡，和地面用一根缆绳连接起来，成为向太空运输人和物的新捷径。

所谓地球静止轨道，是因为当在该轨道上的航天器以$7.27×10^{-5}$rad/s的角速度绕地球运行时，正好与地球自转的角速度相同，故从地面上看去，好像固定在太空中不动一样，因此才被称为地球静止轨道。正是缘于地球静止轨道的这种特殊功能，齐奥尔科夫斯基才提出在它上面设置一个太空城堡，垂放一根缆绳锚在地球赤道上，就可成为通向太空的天梯。这架梯子可以笔直地通向静止轨道，在无外力影响时它不会弯曲，能成为通往太空的运输线。

据俄罗斯《真理报》报道，"太空电梯"这个世界上独一无二的设想将在最近几年有突破性进展。受欧洲太空署委托，俄罗斯萨马拉太空大学的科学家一直在研究建造这种可以把许多物品从国际空间站送回地球的装置。

报道称，俄罗斯萨马拉城的科学家已将太空电梯的研究工作进行到工作收尾阶段。这部太空电梯的主要工作原理其实并不复杂，装有货物的太空舱通过一根 30km 长的特别牢固的缆绳送回地球。虽然缆绳很长，但其重量不会超过 6kg，需要用特别材料制成。当其进入大气层后，缆绳会燃烧，而货物则接着依靠气球继续缓缓地落向地球。

2. 美国

1970 年，美国科学家罗姆·皮尔森进一步完善了太空天梯的设想。1999 年，美国宇航局马歇尔中心的先进办公室发表了《天梯：太空的先进基础设施》一文，标志着天梯将从幻想走向现实。

2004 年 6 月 30 日，在华盛顿召开的第三届国际天梯会议上，专家们对天梯这一宏伟构想进行了探讨。时隔仅仅 9 个月，2005 年 3 月 23 日，美国宇航局正式宣布太空天梯已成为世纪挑战的首选项目。以研究天梯而著称的西弗吉尼亚州费尔蒙特科学研究所的布拉德·爱德华兹博士在论文中写道："天梯可以使人类历史实现跳跃性的发展。"他认为自己构想中的初版天梯成本为 70 亿~100 亿美元，与人类其他大型太空工程相比，这项费用并不算太大。

太空天梯一旦建成，就可昼夜不停地开展运输工作，把旅游者和货物送入太空，并大大降低运送费用。如今火箭发射或航天飞机运送每公斤有效载荷约需 2 万美元，而太空天梯运送每公斤物品仅需 10 美元，从而能够推动空间技术实现跨越式发展。

2012 年，由美国航空航天局前工程师迈克尔·莱恩创办的电梯港集团公司宣称，由于在月球上建太空电梯比在地球上建更容易，所以该公司可用现有技术在月球上建造一座太空电梯。

据报道称，该公司正在开发的太空电梯系统，并计划首先利用缆绳测试该系统，然后才推出月球系统。该公司研究人员最终希望使用一个太空电梯把月球和空间站连接起来。为了实施这个庞大的计划，他们在网上发起了一项集资活动，希望为月球太空电梯筹得第一笔资金。资金主要用于创建一座与地面相连的悬浮球载平台，这样机器人可以借助它向空中上升 1.2mile（约合 2000m）。

2001 年到 2003 年期间，莱恩先是与美国国家航空航天局先进理念研究所的团队合作，共同开发太空电梯。2003 年，他加入电梯港集团，通过实验实现了让机器人在悬浮球载平台的帮助下向空中上升了 1mile（约合 1600m）的试验。

由于经济危机的影响，该公司在 2007 年到 2012 年期间曾被迫关闭，很多人已经离开并参与到其他项目的研发当中。莱恩说，他们正在培训一个新的合作团队。据了解，该公司进行一年的可行性研究至少需要 300 万美元。

该公司希望，如果这项技术成功的话，也可以应用在地球上的其他领域。比如，它们还可以在地球上充当廉价的通信塔，以帮助提供无线网络、监控农作物生长、预防森林火灾，若在上面安装摄像机，人们还可以借助它来观测一些自然灾害的后续情况。

3. 日本

2012 年，日本建筑公司大林组计划建造一部太空电梯，将游客送入距地面约合 3.6 万 km 的太空。太空电梯的缆绳将与太空中的一座空间站相连。根据大林组的计划，太空电梯梦想有望在 2050 年成为现实。

日本大林所设计的太空电梯缆线，全长为地球到月球距离的大约 1/4，这相当于 9.6 万km。电梯缆线固定在地球地表一个定点上，另一头系着一个起平衡作用的铅坠。电梯电缆的中间部位是一个太空站，该太空站内将建设实验设施及居住的空间。据介绍，升降机每次可以同时搭乘 30 名游客升入卫星空间站中，让他们有机会"站"在太空中欣赏宇宙美景。据悉，升降机需要花费一周的时间才能到达空间站，但乘客们基本不需要接受任何太空旅行方面的训练。

该太空电梯被命名为"东京天空之树"，高 2080ft（1ft=0.3048m）。这座高塔还将作为一个数字广播天线，陆续不断地吸引东京以及更远地区的太空观光游客。Satomi Katsuyama 说："我们的专家对建筑、气候、季风和设计等方面进行了综合分析，他们表示这座太空电梯具有一定的可行性。"

2012 年，大林组首次完整提出"天梯"计划，为此他们邀请所有日本的大学参与进来，共同研究"天梯"所需要的技术。大林组自信能在 2025 年开始建造太空电梯。"天梯"需要轻而耐重的材料，纳米管就是极佳的选择，然而技术障碍是大林组还不能造出足够长度的纳米管，能造出的只有 3cm 长。预计每个电梯厢能装下 30 名乘客。但是"天梯"项目到底能不能创收是未知数，"天梯"维护计划也没有出台。

日本建筑业巨头大林组公司表示，"太空电梯"将在 2050 年之前竣工，能把人抬高 9.6 万 km，直接进入太空。届时，每个电梯间能坐 30 个人，在磁力线性发动机的推动下向上爬升 7 天，就能从地面直接到达在太空中新建的空间站。另外，"太空电梯"的费用还不到航天飞机的 1/100。要知道，航天飞机平均运送 1kg 货物耗资 2.2 万美元，相对而言，"太空电梯"仅花费 200 美元。

专家们曾于 2012 年召开研讨会，肯定了"太空电梯"的可行性，同时认为，这样一个庞大的项目必须通过国际合作才能实现。而一旦有了"太空电梯"，人们就不必完全依赖航天飞机了。

大林组公司的研发经理表示，"太空电梯"的梦想之所以能够实现，得益于碳纳米技术的发展。纳米材料的抗拉强度几乎比钢铁高出 100 倍。另外，日本神奈川大学的研究团队负责机械电梯间的研发工作，致力于改善升降以及制动系统。

本 章 小 结

本章主要介绍电梯新技术和发展展望、制作工艺改进；绿色理念是电梯发展总趋势；电梯产业将信息化、网络化；电梯智能安全系统等。

习题与思考

13-1 电梯设计及制造中需要开展哪些节能及环保技术？

13-2 简述如何解决用户对电梯产品个性化需求与企业批量生产之间的问题。

13-3 简述太空电梯主要结构。

13-4 简述哪些国家计划建设太空电梯。

技 能 训 练

附录 A 认识电梯的主要零部件

1. 相关知识准备

可阅读本书有关电梯整体结构和主要部件的内容。

2. 所需仪器与设备

电梯及其配套工具、器材。

3. 操作内容与步骤

（1）步骤一：实训准备

1）指导教师事先做好学生分组。

2）指导教师对操作的安全规范要求做简单介绍。

（2）步骤二：

实训内容学生6人一组，在指导教师带领下观察电梯，全面、系统地观察电梯的基本结构，认识电梯的各个系统和主要部件的安装位置以及作用。可由部件名称去确定位置，找出部件，然后做好记录。

（3）步骤三：实训总结

每人口述所观察电梯的基本结构和主要部件功能，要求能做到说出部件的主要作用、功能以及安装位置。写出实训报告。

4. 注意事项

操作过程要注意安全，由于本次实训尚未进行进出轿顶和底坑的规范操作训练，因此不宜进入轿顶与底坑。

在实训室观察电气设备也应在指导教师的带领下进行，注意安全。

5. 实训报告

实 训 报 告

课程＿＿＿＿＿＿＿＿实训名称＿＿＿＿＿＿＿＿＿＿＿＿＿＿＿＿＿＿第　页　共　页

系　　别＿＿＿＿＿＿＿＿＿＿＿＿＿＿＿＿＿＿＿＿实训日期　年　月　日

专业班级＿＿＿＿＿＿＿＿＿＿＿＿组别＿＿＿＿＿＿＿实训报告日期　年　月　日

姓　　名＿＿＿＿＿＿＿＿＿学号＿＿＿＿＿＿＿＿报告成绩＿＿＿＿＿＿＿＿

同 组 人＿＿＿＿＿＿＿＿＿＿＿＿＿＿＿＿＿＿教师审批签字＿＿＿＿＿＿＿＿

项目名称	
实训准备	
实训设备	
实训过程	
实训总结	

附录 B　轿厢和重量平衡系统的维保内容和方法

1. 相关知识准备

（1）轿厢的检查

1）检查轿厢架与轿厢体的连接。

2）检查轿底、轿壁和轿顶的相互位置。

3）检查轿顶轮（反绳轮）和绳头组合。

4）检查轿壁有无翘曲、嵌头螺钉有无脱落，有无振动异响，检查出原因并作相应处理。

5）检查轿厢上的超载与称重装置，其动作是否灵活可靠，有无失效，是否符合称重标准。

（2）对重与补偿装置的检查

1）检查固定对重块的对重架及井道对重导轨支架的紧固件是否牢固。

2）检查对重块框架上的导轮轴及导轮的润滑情况，每半月应加润滑油一次。

3）检查对重导靴的紧固情况及导靴的间隙是否符合规定要求；检查有无损伤和油量是否合适。

4）检查对重装置上的绳头组合是否安全可靠。

5）检查对重架内的对重块是否稳固，如有松动应及时紧固，防止对重块在运行中产生抖动或窜动。

6）检查对重下端距离对重缓冲器的高度：当轿厢在顶层平层位置时，其对重下端与对重缓冲器顶端的距离：弹簧缓冲器应为 200~250mm，液压缓冲器应为 150~400mm。

7）对重架上装有安全钳的，应对安全钳装置进行检查，传动部分应保持动作灵活可靠，并定期加润滑油。

8）检查补偿绳（链）装置和导向导轨是否清洁，应定期擦洗；补偿绳（链）在运行中是否稳定，有无较大的噪声，如消音绳折断则应予更换。

9）检查补偿绳（链）的绳头有无松动；补偿绳（链）过长时要调整或裁截。

10）检查补偿绳（链）尾端与轿厢底和对重底的连接是否牢固，紧固螺栓有无松脱，夹紧有无移位等。

2. 所需仪器与设备

1）电梯及其配套工具、器材。

2）电梯井道设施及其配套工具、器材。

3）电梯轿厢系统及其配套工具、器材。

3. 操作内容与步骤

（1）步骤一：实训准备

1）做好电梯维保的警示及相关措施。

2）按规范做好维保人员的保护措施。

（2）步骤二：轿厢和重量平衡系统的维保步骤、方法及要求

1）整理清点维修工具与器材。

2）放好"有人维修，禁止操作"的警示牌。

3）到机房将选择开关打到检修状态，并挂上警示牌。

4）按下表所示项目进行维护保养工作。

序号	部 位	维 保 内 容
1	导向轮、轿顶轮和对重轮的轴与轴套之间的润滑情况	补充符合规格的润滑油
		拆卸换油
2	对重装置	检查运行时有无噪声
3	对重块及其压板	检查对重块及其压板是否压紧，有无窜动
4	对重与缓冲器	检查对重与其缓冲器的距离
5	补偿链（绳）与轿厢、对重接合处	检查是否固定，有无松动
6	轿顶、轿厢架、轿门及其附件安装螺栓	检查是否紧固
7	轿厢与对重的导轨和导轨支架	检查是否清洁，是否牢固、有无松动
8	轿厢称重装置	检查是否准确、有效

5）完成维保工作后，将检修开关复位，并取走警示牌。

（3）步骤三：实训总结

维保结束后应填写维保记录单并写出实训报告。

维保记录单

序号	维 保 内 容	维保要求	完成情况	备注
1	维保前工作	准备好工具		
2	导向轮、轿顶轮和对重轮的轴承加油	油量适宜		
3	检查对重装置	运行时应无噪声		
4	检查对重块及其压板	应压紧，无窜动		
5	检查对重与缓冲器的距离	应符合标准要求		
6	检查补偿链与轿厢、对重接合处	应固定无松动		
7	轿厢、轿厢架、轿门及其附件安装螺栓	检查是否紧固		
8	检查轿厢与对重的导轨和导轨支架	应清洁、牢固无松动		
9	检查轿厢称重装置	应准确、有效		

4. 注意事项

检查轿厢架与轿厢体连接的四根拉杆受力是否均匀，注意轿厢有无歪斜，造成轿门运动不灵活甚至造成轿厢无法运行，如果四根拉杆受力不均匀，可通过拉杆上的螺母来进行调节，注意安全。

5. 实训报告

实 训 报 告

课程_____ 实训名称_____ 第　　页　共　　页

系　　别_____ 实 训 日 期　　年　　月　　日

专业班级_____ 组别_____ 实训报告日期　　年　　月　　日

姓　　名_____ 学号_____ 报 告 成 绩_____

同 组 人_____ 教师审批签字_____

项目名称	
实训准备	
实训设备	
实训过程	
实训总结	

附录 C　层门的检查、调整和修理

1. 相关知识准备

层门的要求及标准。

（1）层门的基本结构要求

层门在门锁锁住位置时的机械强度，确保用 300N 的力垂直作用于该层门的任何一个面上的任何位置，且均匀地分布在 $5cm^2$ 的圆形或方形面积上时，应能：①无永久变形；②弹性变形不大于 15mm。

（2）层门的安全要求

动力驱动的水平滑动门，阻止关门的力应不大于 150N。

层门只有在关闭时电梯才能运行。当乘客在层门关闭过程中，通过入口时被门扇撞击或将被撞击时，应有保护装置自动将门重新开启。

（3）门锁装置的要求

在电梯运行过程中，除轿厢正常停站开门外，均不能打开层门。

在轿门驱动层门的情况下，当轿厢在开锁区域之外时，如层门无论因为何种原因开启，则应有一种装置（重块或弹簧）能确保该层门自动关闭。

每个层门均应能从外面借助一个三角钥匙打开，三角钥匙要有一个专门负责人员保管，且要有效保证只有"经过批准的人员"才能使用。

2. 所需仪器与设备

1）电梯及其配套工具、器材。

2）安全帽、劳保鞋、工作服、阻门器、扳手、绝缘螺丝刀、尖嘴钳、老虎钳、斜口钳、钢板尺、卷尺、塞尺、记号笔。

3. 操作内容与步骤

（1）步骤一：准备阶段

1）检查是否做好了电梯维保的警示和相关的安全措施。

2）按规范做好维保人员的安全保护措施。

3）准备所需的维保工具。

（2）步骤二：层门的检查、调整和修理

1）维保人员整理清点维修工具和器材。

2）放好"有人维修，禁止操作"的警示牌。

3）将轿厢运行到基站。

4）将机房的检修开关转到检修状态，并挂上警示牌。

5）进行层门的检查、调整和修理。

① 清洁地坎，厅门滑块沉入深度需大于2/3工作面，确保门脚在地坎中有尽可能大的沉入深度。

② 检查门钢丝绳的磨损及张紧情况；重锤钢丝绳应运行自如，无异常噪声，保证层门自动关闭装置正常。

③ 用层门钥匙打开手动开锁装置，确认在其释放后层门门锁能够自动复位。

④ 厅门自锁后，用力作用于门扇的开门方向，门扇下端间隙小于30mm。

⑤ 检查门锁触点的工作情况，确保门锁动触点的插入深度和位置对中；清洁触点，保证触点接触良好、接线可靠，并检查有无明显磨损。

⑥ 检查安全门门锁触点的工作正常；保证触点接触良好、接线可靠，并检查有无明显磨损。

⑦ 以150N的力在门扇任意位置扒门情况下电梯没有急停发生。

⑧ 厅门门锁触点接通时，层门锁紧元件啮合深度不小于7mm（对于杂物电梯应不小于5mm）；锁钩与锁臂间移动间隙为2~3mm。

⑨ 检查外呼按钮、指示灯、运行方向指示灯、层显和到站钟等的功能是否正常。

⑩ 检查层门、轿门系统中传动钢丝绳或门链条的磨损及张紧情况，并根据需要进行清洁、调整或更换。

⑪ 将检修开关复位，并将警示牌取走。

4. 注意事项

在轿厢内及厅门作业时应遵守以下事项：

1）停止轿厢开始作业时，应先将操纵箱内的急停开关置于"停止"状态。

2）从轿厢内打开厅门时，应慢慢打开，确认门附近是否有第三者。从厅外进入轿厢，要特别注意确认轿厢是否在本层。

3）作业或处理故障时，出入口的开口部为 300mm 以上的场合，应采取以下措施：

① 在该场所进行作业时，为防止第三者进入，应设监视人及安全护栏。

② 离开该场所时，应确认门已完全关闭，无法从外部打开。

③ 作业楼层的厅门外附近如有小孩等玩耍时，应使其远离该地方。

④ 作业期间离开轿厢时，应将操纵箱内的急停开关置于"停止"状态，锁上操纵箱下部的开关盒盖，将厅门关上，将"检修中（保养中）"安全标志牌贴在所离开电梯厅门锁的下方或在厅外设置安全护栏。

5. 实训报告

实 训 报 告

课程_____ 实训名称_____ 第　页　共　页

系　　别_____ 实训日期　年　月　日

专业班级_____ 组别_____ 实训报告日期　年　月　日

姓　　名_____ 学号_____ 报告成绩_____

同组人_____ 教师审批签字_____

项目名称	
实训准备	
实训设备	
实训过程	
实训总结	

附录 D　导向系统的维护保养

1. 相关知识准备

1）熟悉导向系统的各主要部件及其作用。

2）熟悉进出轿顶的操作步骤及轿顶作业的注意事项。

3）因导向系统的维护保养需要进出轿顶，所以需要先充分熟悉进出轿顶和轿顶操作。

① 确认基站、工作楼层放置警示标志。

② 进入轿顶：用层门机械钥匙（三角钥匙）打开层门，开门后确认轿厢的位置，分别确认轿顶安全开关、轿顶检修开关有效。断开轿顶安全开关，打开轿顶照明，将轿顶检修开关转为检修状态，才能进入轿顶。

③ 轿顶作业：

严禁开快车，运行前作业人员应密切配合，相互呼应后，方可起动电梯。

运行中作业人员和工具均不得超出轿厢外沿，以防发生危险。

停车后应立即断开安全开关（急停按钮），以保证安全。

④ 退出轿顶：当要退出轿顶时，作业人员应先退出轿顶，然后关闭轿顶照明，将检修开关转为运行状态，恢复安全开关（急停按钮），再关上层门，确认层门锁闭有效。

2. 所需仪器和设备

电梯及其配套工具、器材。

3. 操作内容与步骤

1）检查导轨表面及其支架清洁、无杂物，必要时用煤油进行清洗。

2）检查导轨支架、压板的紧固件不应松动、移位，若出现此现象，则应紧固相应螺栓。在实际中会有已焊连接开焊现象，此时应进行补焊。

3）检查导轨工作面有无毛刺、划伤以及因限速器、安全钳联动试验后出现的痕迹，如有此现象，应用锉刀、纱布、油石等对其修磨光滑。

4）检查主副导轨润滑油盒，吸油毛毡齐全，油杯无泄漏，油杯油量不应小于1/3但不超过2/3。

5）检查滑动导靴工作情况，轿厢和对重导靴皆应安装稳固。固定滑动导靴：导轨顶面与两导靴内表面间隙之和为2~5mm。弹性滑动导靴：导轨顶面与导靴内表面无间隙，导靴弹簧伸缩范围为2~2.5mm。

6）检查对重导靴，将对重靠近导轨一侧时，导靴与导轨之间的间隙不大于4mm。

7）检查滚轮导靴工作情况，特别是橡胶轮和轴承、弹簧的压力，橡胶轮受力应均匀。滚动导靴：压力均匀，不歪斜，中心一致；整个轮缘与导轨均匀接触，转动时无异声；滚轮轴承和枢轴点润滑良好。

4. 注意事项

1）确认已在必要位置放置安全警示标志。

2）轿顶离开防护栏保护范围的作业应使用安全带。

3）在轿顶作业时应防止工具从轿顶掉落，工具箱应放置到稳定场所，将工具都放在工具箱内，且作业中应小心使用。

4）应事先确认身体的位置及动作的范围，以避免在运行过程中头、手、脚碰到钢片带、轿顶反绳轮或钢丝绳，防止被卷入。

5）在进入轿顶时，要特别确认轿厢的位置，打开厅门约10cm，确认轿厢位置后再进入。

6）严禁对运行中的导轨、钢带、主曳引绳、补偿绳进行清扫、加油，尤其不能用手接触钢片带边缘。

7）在进出轿顶时，注意身体的平衡及脚下的情况，采取稳定的姿势，注意手不要被门连杆、门套或门与门之间夹住。

5. 实训报告

实 训 报 告

课程_____实训名称_____第　页　共　页

系　　别_____实训日期　年　月　日

专业班级_____组别_____实训报告日期　年　月　日

姓　　名_____学号_____报告成绩_____

同 组 人_____教师审批签字_____

项目名称	
实训准备	
实训设备	
实训过程	
实训总结	

附录 E　电梯困人的救援方法

1. 相关知识准备

1）了解安全部件及主要部件的要求及标准。

2）懂得各安全部件基本原理。

3）了解曳引系统原理。

2. 所需仪器与设备

电梯及其配套工具、器材。

3. 操作内容与步骤

1）当发生电梯困人事故时，救援人员通过电梯对讲机或喊话与被困人员取得联系，提醒其务必保持镇静，不要惊慌，静心等待救援人员的救援；被困人员不可将身体任何部位伸出轿厢外。如果轿厢门处于半开闭状态，救援人员应设法将轿厢门完全关闭。

2）根据指层灯、PC 显示，或用三角钥匙打开厅门观察判断轿厢所在位置。

3）轿厢停于距厅门 0.6m 以内的位置时的救援：

① 拉下电梯电源开关。

② 用专用厅门钥匙开启厅门。

③ 在轿顶用人力开启轿厢门。

④ 协助乘客离开轿厢。

⑤ 重新关好厅门。

4）轿厢停于距厅门 0.6m 以外的位置时，需采用盘车的方式救援。

① 进入机房切断电梯电源。

② 拆除电动机尾轴罩盖，安上旋座及旋柄。

③ 两名救援人员相互配合，救援人员之一把住旋柄，另一救援人员手持释放杆，轻轻撬开制动器，利用轿厢自重向正方向移动。为了避免轿厢移动太快发生危险，操作时应一撬一放使轿厢逐步移动，直至最接近厅门（在 0.6m 以内）为止。

盘车操作具体步骤如下：

a. 盘车前应确认该电梯的电源已经切断，严禁带电盘车。

b. 盘车前应确认轿厢位置并确认各层层门已经闭锁，轿顶、轿厢、底坑无关人员已经撤离，相关配合作业人员已经做好相应准备，开始盘车前应与配合人员取得联络并得到复述。

c. 盘车时，开闸作业人员应手握制动器释放工具且释放工具不应脱离制动器，以免失控。

d. 需重力滑行时，应控制其滑行速度不大于检修速度。

e. 使用手轮盘车时，至少应有两人（含两人）以上配合操作，开闸人员应听从盘车人员的口令。

4. 注意事项

1）当进行困人救援作业时，应优先确保乘客及救援作业者的自身安全，在有充分的准备时才能救人作业。

2）在实际工作中，救援作业者应有相应类型电梯的救援经验。

3）作业人员应尽快将乘客安全救出。

4）维保人员接到困人救援请求时，一定要和上级及物业管理沟通，避免出现不同批次人员同时接受救援任务，造成现场指令混乱。

5）禁止单人操作困人救援，且配合操作时必须注意对方的安全。

6）救出作业前应与轿内乘客联系，告知乘客即将进行救援作业，消除乘客的紧张情绪。

7）任何救援操作的救出步骤前都必须断开电梯主电源。

8）出现其他困人故障时，如出现安全钳动作，在实际工作中应立即联系上级领导，确定处理方法再进行处理。

5. 实训报告

实 训 报 告

课程_____实训名称_____第　　页　共　　页

系　　别_____实训日期　　年　　月　　日

专业班级_____组别_____实训报告日期　　年　　月　　日

姓　　名_____学号_____报告成绩_____

同 组 人_____教师审批签字_____

项目名称	
实训准备	
实训设备	
实训过程	
实训总结	

附录 F　检查电源的错断相保护功能

1. 相关知识准备

1）了解电梯电气设备与电气控制要求及标准。

2）了解电气相关基础知识，熟练掌握三相五线制基本原理，能够看懂电气原理图。

3）了解电梯机房电气系统原理。

2. 所需仪器与设备

电梯及其配套工具、器材。

3. 操作内容与步骤

（1）断相保护功能检验

断开主电源开关，在电源输入端，人为断开一相电源线，接通主电源开关，检查电梯是否能正常起动。

（2）错相保护功能检验

断开主电源开关，在电源输入端，人为将电源相序调换，接通主电源开关，检查电梯是否能正常起动。

4. 注意事项

1）检验前，确认基站已放置警示标志。

2）在检验前，应确认无人乘坐待检电梯，没有作业人员在底坑、轿顶等区域作业。

3）断相、错相应分别检验。

4）在断相检验时，一定注意对断开相线的保护，切勿碰触以及接触配电箱等导电体。

5）检验完毕后，确认主电源开关已闭合，相线压紧螺钉紧固良好。

5. 实训报告

实 训 报 告

课程 _____ 实训名称 _____	第　　页　共　　页
系　别 _____	实 训 日 期　　年　　月　　日
专业班级 _____ 组别 _____	实训报告日期　　年　　月　　日
姓　名 _____ 学号 _____	报 告 成 绩 _____
同 组 人 _____	教师审批签字 _____

项目名称	
实训准备	
实训设备	
实训过程	
实训总结	

参 考 文 献

[1] 何宏, 刘芳, 韩盛磊. 自动扶梯节能控制技术的研究 [J]. 天津理工大学学报, 2009 (2): 55-57.

[2] 陈家盛. 电梯结构原理及安装维修 [M]. 4 版. 北京: 机械工业出版社, 2011.

[3] 全国电梯标准化技术委员会. 电梯制造与安装安全规范 第 1 部分: 乘客电梯和载货电梯: GB/T 7588.1—2020 [S]. 北京: 中国标准出版社, 2020.

[4] 顾德仁. 电梯电气原理与设计 [M]. 苏州: 苏州大学出版社, 2013.

[5] 全国电梯标准化技术委员会. 自动扶梯和自动人行道的制造与安装安全规范: GB 16899—2011 [S]. 北京: 中国标准出版社, 2011.

[6] 全国电梯标准化技术委员会. 电梯技术条件: GB/T 10058—2009 [S]. 北京: 中国标准出版社, 2009.

[7] 全国电梯标准化技术委员会. 电梯曳引机: GB/T 24478—2009 [S]. 北京: 中国标准出版社, 2009.

[8] 全国电梯标准化技术委员会. 电梯、自动扶梯、自动人行道术语: GB/T 7024—2008 [S]. 北京: 中国标准出版社, 2008.

[9] 全国电梯标准化技术委员会. 电梯 T 型导轨: GB/T 22562—2008 [S]. 北京: 中国标准出版社, 2008.

[10] 夏国柱. 电梯工程手册 [M]. 北京: 机械工业出版社, 2008.

[11] 薛林, 牛曙光. 电梯轿厢内缓冲气囊的研究 [J]. 常熟理工学院学报, 2014, 28 (4): 112-115.

[12] 金晴川. 电梯与自动扶梯技术词典 [M]. 上海: 上海交通大学出版社, 2005.

[13] (美国) 国家电梯工业公司安全委员会电梯世界有限公司. 电梯安装维修人员安全手册 [M]. 彭捷, 译. 北京: 中国建筑工业出版社, 2000.

[14] NIU S G. The research and development of preventing the accidental movement of the elevator car safety protection device [J]. Lect. Notes Electr. Eng, 2018 (9) 451: 239-244.

[15] NIU S G. Study of flexible manufacture production line of elevator sheet metal based on modularization [J]. IMCC2015, 2015 (10): 15-20.

[16] NIU S G, XUE L, ZHOU G Y. Study of elevator flexible sheet metal processing production line based on open CNC system [J]. Applied Mechanics and Materials, 2014 (6): 364-367.

[17] NIU S G. New structural design of coal mine rescue robot [J]. Applied Mechanics and Materials, 2014 (1): 650-653.

[18] 牛曙光, 杜会盛, 刘军军. 高层建筑电梯快速安装平台装备及工艺研究 [J]. 中国电梯, 2017, 28 (8): 23-27.

[19] 牛曙光, 郭兰中, 季亚芸. 电梯技术专业应用型本科人才培养模式的研究与实践 [J]. 科技资讯, 2017, 27 (24): 67-69.

[20] 牛曙光, 冷闪, 陈旭, 等. 面向电梯行业的卓越工程师人才培养模式研究与实践 [J]. 当代教育实践与教学研究, 2019 (4): 117-118.

[21] JIANG X M. Design of marine elevator car frame [J]. Lecture Notes in Electrical Engineering, 2019. 484: 583-591.

[22] JIANG X M, NIU S G. Braking distance monitoring system for escalator [J]. Lecture Notes in Electrical Engineering, 2018, 34 (4): 259-266.

[23] 蒋晓梅, 牛曙光, 郭兰中. 电梯专业方向实训课程体系的探讨 [J]. 时代教育, 2017 (13): 155-156.

[24] 蒋晓梅, 牛曙光, 郭兰中. 电梯工程专业校企合作模式的教学构建 [J]. 时代教育, 2016 (23):

179-180.

[25] 蒋晓梅，牛曙光，芮延年. 电梯工程专业教学与科研探讨 [J]. 科技信息，2013（10）：143.

[26] 王小磊，牛曙光. 超级电容在电梯应急及节能中的应用 [J]. 常熟理工学院学报，2013，（2）：72-74.

[27] 牛曙光，申德云，窦岩. 教学扶梯的设计 [J]. 科技资讯，2017，15（2）：87-88.

[28] 窦岩，蒋晓梅，牛曙光. 基于蓝墨云班课和 LBD 电梯电气原理与设计教学研究 [J]. 天工，2018（7）：86.

[29] 窦岩，郭兰中，牛曙光. 电梯原理与结构课程教学改革方法探讨 [J]. 教育现代化，2016（36）：60-61；69.

[30] 蒋晓梅，窦岩，牛曙光，等. 工程教育认证下《电梯电气原理与设计》云课程教学模式探索 [J]. 教育现代化，2019（59）：124-125.